KB211430

개정4판

이병선 저

## Appendix

1. 공항 및 도시 CODE
2. 항공사 CODE
3. MINISTRY
4. SEAT
5. MEAL
6. S.H.R COMMENT
7. 주요 항공 용어 및 약어
8. ANNOUNCEMENT

저자와의
합의하에
인지첩부
생략

# 항공기 객실서비스실무


2008년 1월 25일 초  판 1쇄 발행
2019년 1월 20일 개정4판 1쇄 발행

**지은이** 이병선
**펴낸이** 진욱상
**펴낸곳** 백산출판사
**교 정** 편집부
**본문디자인** 오정은
**표지디자인** 오정은

**등 록** 1974년 1월 9일 제406-1974-000001호
**주 소** 경기도 파주시 회동길 370(백산빌딩 3층)
**전 화** 02-914-1621(代)
**팩 스** 031-955-9911
**이메일** edit@ibaeksan.kr
**홈페이지** www.ibaeksan.kr

**ISBN** 978-89-6183-025-6 93980
**값** 22,000원



• 파본은 구입하신 서점에서 교환해 드립니다.
• 저작권법에 의해 보호를 받는 저작물이므로 무단전재와 복제를 금합니다.
이를 위반시 5년 이하의 징역 또는 5천만원 이하의 벌금에 처하거나 이를 병과할 수 있습니다.

*Preface*

# 머리말

이 책은 저자가 28년간 항공사에서 항공기에 탑승 근무하며 현장에서 겪었던 대고객 서비스의 실무 경험과 대학에서 강의하였던 내용을 바탕으로 정리하여 승무원의 꿈을 키우는 학생들에게 도움을 드리고자 합니다.

또한 이 책을 발간하는데 물심양면으로 도움을 주신, 본인이 몸담았던 항공사, 함께 근무했던 동료 · 후배 객실 승무원 모든 분들께 감사드립니다.

이 책에서는 항공기 객실 승무원으로서의 객실 서비스 실무 지식은 물론 반드시 알아야 할 기본 항공 업무, 서비스에 필요한 제반 근무 형태와 자세, 항공 약어, 항공 용어 및 각종 CODE에 대하여 자세히 기술하였으므로 참고하시기 바랍니다.

저 자

Contents

# 차 례

## 제5장 항공기의 식음료



## 제6장 서양 식음료



## 제7장 기내 업무 절차 및 기준

## 부 록

# Chapter 1

# 객실 승무원

A380
A380

# 제1장 객실 승무원

## 제1절 객실 승무원의 역사

모든 항공기 승무원을 Flight Attendant이라 칭하고 객실 승무원은 Cabin Attendant라는 호칭으로 사용하며 일반적으로 약자를 사용하여 CA라고 불린다.

객실 여승무원을 초창기에는 미국에서는 Air Girl, 프랑스에서는 Air Hostess라 사용하다가, 선박의 선실 Steward(STWD)를 인용하여 자연스럽게 Stewardess(STWS)라고 사용하고 있었다.

그 후 1980년 미국에서 Political Correctness

1) Political Correctness(차별 용어 시정) 운동 : 말이나 표현에 있어서 인종, 민족, 종교, 성차별 같은 편견을 추방하는 운동으로, 다국적 국가인 미국에서 차별이나 편견을 제거한다는 정치적(Political)인 관점에서 올바른(Correct)이라는 뜻으로 사용되기 시작한 용어이다.

(차별 용어 시정)[1] 운동을 바탕으로 FA, CA로 바뀌 나가게 되었다.

항공기의 객실 승무원은 1928년 독일 항공사 Lufthansa Airlines(LH)이 베를린에서 파리까지의 구간에 처음으로 남승무원이 탑승한 것이 객실 승무원의 효시가 된 것이다.

원래 유럽에서는 전통적으로 남자가 Service(SVC)를 하는 것이 관례화 되어 있었다.

그 후 1930년 보잉 에어트랜스포트 항공사 〈UA(United Airlines) 전신〉[2]가 운항 승무원을 원했던, 25세의 간호사인 '엘렌 처치'를 3개월 조건부 객실 승무원으로 채용하여 San francisco(SFO)에서 Chicago(CHI) 노선에 커피와 샌드위치를 제공함으로써 기내 서비스의 장이 열리게 되어 세계 최초의 Stewardess 1호가 된 것이다.

이렇게 해서 총 8명의 스튜어디스가 탄생하게 되었다.

이를 밑바탕으로 20여개의 미항공사가 기내 서비스를 담당하는 객실 여승무원을 채용하게 되었으며, 최근 항공업의 발전으로 객실 서비스가 경쟁의 초점이 되어 객실 승무원의 중요성이 더욱더 증가되고 있는 현실이다.

이어 유럽에서는 Air France(AF) 전신인 파아망 항공사(Farman Airlines)가 국제선 승무원을 탑승시키는 것을 시작으로 1934년에 Swiss Air(SR)가 1935년에는 Klm Royal Dutch Airlines(KL)가 1938년에는 LH가 객실 여승무원 제도를 도입하여 여승무원의 길이 열리게 되었다.

우리나라는 1947년 7월 15일 North West Airlines(NW)가 국내 취항을 하며 한국인 여승무원을 현지 승무원으로 채용함으로써 '스튜어디스'로 근무하게 되었다.

---

2) 당시 Boeing Air Transport의 객실여승무원 채용조건

1. 간호사 자격 소지자
2. 성격이 원만하고 교양이 있어야 함.
3. 신장 162cm 이하
4. 체중 51.18kg 이하
5. 나이 20~26세 이하의 독신 여성

PART 1

여승무원 제1호인 엘렌 처치와 최초의 8명의 여승무원들, 초창기의 DC-3기

## 제2절 객실 승무원의 책임과 임무

### 1. 객실 승무원의 책임

객실 승무원의 정의는 '항공기에 탑승하여 비상시 승객의 비상 탈출 진행 및 안전 업무를 수행하는 사람' 을 뜻한다.

객실 승무원이 항공기 내에서 하는 일은 한마디로 탑승한 승객들을 출발지에서 목적지까지 안전하게 모시는 안전의 책임과 Welcome Greeting 인사부터 Farewell 인사까지 쾌적하고 편안한 분위기의 Service를 제공하는 책임으로 구분한다.

### 2. 객실 승무원의 임무

승객의 안전, 쾌적성을 도모하기 위한 객실 승무원의 임무는 다음과 같다.

- 운항 전 운항과 객실 합동 Briefing(BRFG)에 참석하여 비행 관련된 제반 필요한 사항을 듣는다.
- 객실 내의 일반 비상 장비, 화재 장비, 의료 장비, 보안 장비 및 기타 비품을 점검한다.
- 운항 전 · 후 승객을 위한 기내 안전 장비 및 보안 점검을 실시하고 모든 승무원은 사무장에게 보고한다. 사무장은 이를 취합한 결과를 기장에게 보고한다.

- 객실 수하물 및 각종 Mail을 파악한다.
- Safety Instruction(Safety Demonstration)은 VTR 상영, VTR이 미 장착된 항공기에서는 승무원이 직접 실시한다.
- 운항 및 안전에 관하여 기장이 지시하는 업무를 수행한다.
  〈사례 : Turbulence(TURB) : 난기류, 기류변화〉
- 승객의 탑승 전·후에 승객의 수, 승객의 좌석 착석 여부, 선반의 Locking 여부 등을 확인하여 전 Cabin의 이상 유무를 기장에게 보고하고, 항공기 Door Close 여부를 문의한다.

기타 필요한 세부 사항은 각 항공사의 객실 승무원 규정에 의한다.



## 제3절 객실 승무원의 역할

승객을 보다 편안하고 즐겁게 하기 위한 역할은 다음과 같다.

### 1. 서비스 제공의 역할

승객에게 서비스의 기본이 되는 서비스 용품 등의 물적인 것은 물론 고객 만족을 위한 인적인 것까지 모두 포함된 서비스를 제공하는 역할을 말한다.

무엇보다도 고객 만족의 척도를 가늠하는 것은 물적 서비스보다 인적 서비스가 선행되어야 한다.

### 2. 도움이 되어 주는 역할

기내에서 승객의 어려운 일을 책임감 있고 성실하게 해결해 주는 역할로서, 초행길의 여행자에게 목적지까지 각종 정보를 제공함으로써 안심하고 여행할 수 있도록 배려하는 행동의 역할

### 3. 승객과의 원만한 인간관계의 역할

승객과 승무원, 승객과 승객간 교량 역할로 승객의 눈높이를 맞추어 대화를 통해 여행의 즐거움과 편안함을 제공하는 역할

## 제4절 객실 승무원의 요건

인적 Service를 위한 승무원의 요건은 일단 4가지가 필수이며 다음과 같이 분류한다.

1) 승객을 대하는 승무원에게 고객 대면 시 밝은 미소는 필수적이다.
2) GLOBAL 시대에 각양각색 국가들의 승객과의 유연한 의사소통을 위한 외국어 능력
3) 고객에게 폭넓고 정확한 정보를 제공하기 위해 풍부한 항공 업무 지식을 갖도록 부단한 자기 개발과 노력이 요구된다.
4) 무엇보다도 상대방을 배려하는 친절의 마인드가 필요하다.

- 제일 먼저 Service Man으로서의 요건은 무엇보다도 각양각색의 승객을 응대하는 최일선에서 근무하는 자로서 확고한 직업의식이 절실히 요구된다.
- 원만한 인간관계 형성이 필요하다.

항공사는 업무(여객, 운송, 영업, 운송, 객실, 운항, 정비 등) 분업화로 승객 1명의 여행 과정이 매우 복잡하다. 이에 승객의 불편함을 해소하기 위해 내부 고객인 각 부서간의 협력관계가 매우 중요하다.

## 제5절 객실 승무원의 직급 체계

객실 승무원의 직급 구분에는 항공사별 차이가 있으나, 일반적으로 자격 심사를 걸쳐 여러 단계의 승격 과정을 거치게 된다.

일반적으로 각 직급의 승격 기간은 3년에서 4년으로, 일반 회사원과 비슷하게 운영되는 편이나, 직책, 직급, 업무면에서는 많은 차이가 있다. KAL의 직급 체계는 다음과 같다.

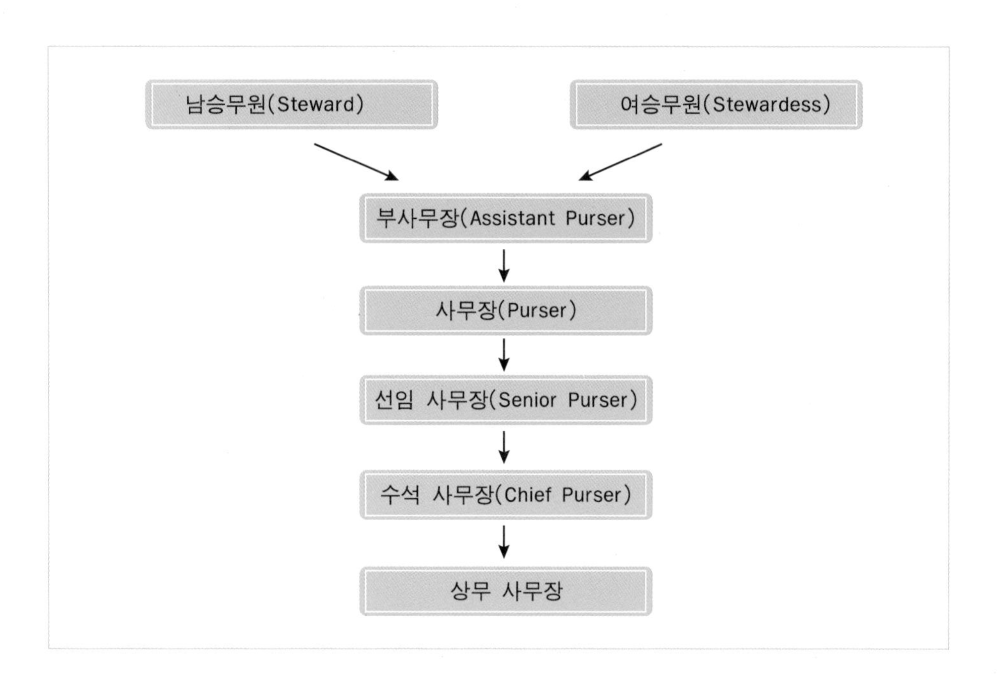


PART 1

## 1. 직책과 직급에 따른 임무

### 1) 객실 팀장(Duty Purser)

해당 항공편에 탑승한 승무원 중 팀장 보임자 또는 최선임자로서 승객 서비스에 관련된 모든 사항, 객실 승무원의 지휘 감독, 지도, 객실 업무 관리, 평가 등의 책임을 진다. 그리고 일부 항공사에는 Cabin Manager라고도 한다.

객실 팀장의 업무는 다음과 같다.

- Cabin(CBN) BRFG을 주관하며 승무원의 근무를 할당 부여한다.
- 항공기내 설비 및 장비의 기능을 점검, 확인한다.
- 전체 기내 서비스 진행을 관리, 감독한다.

객실 팀장시의 필자

- 항공기 출 · 입항 서류[3] 및 제반 서류를 관리한다.
- 기내 Announcements(ANN)를 관리, 감독한다.
- VIP, CIP, 특별 고객 등에 대한 처리 업무를 총괄한다.
- 비행 중 발생되는 Irregularity 상황의 해결, 처리 및 보고의 책임을 가진다.
- 운항 승무원과 의사 소통의 채널 역할을 한다.
- 해외 체재시 승무원을 관리 감독한다.
- 해외 지점 및 공항 지점과의 업무 연계 체제를 유지한다.

## 2) 객실 부팀장(Assistant Purser)

팀장 유고시 그 임무를 대행하며, 비행 중에는 다음의 업무를 수행한다.

- 팀장의 업무 보좌 역할을 한다.
- 팀장의 임무 수행 불가시 팀장 업무 대행을 한다.
- Economy Class의 서비스를 진행 및 관리한다.
- 기내 서비스 용품의 탑재 여부를 확인한다.
- 비행 안전 업무를 수행한다.
- 수습 승무원의 현장 실습을 교육 지도 및 평가한다.
- 기타 팀장으로부터 위임받은 업무 등을 수행한다.

---

3) 항공기 출 · 입항 서류 : General Declaration, Passenger Manifest, Cargo Manifest 등을 말한다.

### 3) 객실 승무원

비행 중 개개인에게 할당된 구역에서의 기내 서비스 업무를 담당한다. 이때 Class에 따라 담당 교육을 필한 자를 우선으로 업무를 할당하고, 담당 Zone 별로는 선임자와 하위자를 적절하게 배치한다.

### 4) 현지 승무원

비행 근무 중 할당된 기내 서비스를 수행하고, 해당 국가의 승객을 위해 현지어 방송을 실시하며 의사 소통을 원활히 하며 해당국과 문화적 차이점을 해소하여 항공사의 편리 및 Image에 기여한다.

### 5) 기내통역원(Interpreter)

해당 국가 승객의 언어소통 및 제반 항공업무에 도움을 주며 승무원과 달리 안전과 서비스의 책임을 지지 않는다.

## 2. 지휘 체계

항공기 운항 및 안전 운항에 관한 책임은 기장에게 있으며, 제반 기내 서비스 업무에 대한 책임은 객실 팀장에게 있다.

# 제6절 객실 승무원의 근무 형태

## 1. 승무(On-Duty)와 편승(Extra Flight)

① 승무 : 블록 타임(Block Time)[4]을 기준으로 하여 객실 승무원이 항공기에 탑승하여 비행 업무를 수행하는 것

4) 블록 타임(Block Time) : 항공기가 Gate로부터 Push Back하여 목적지 착륙 후 엔진 정지(Engine Shut Down) 까지의 시간을 의미한다. 이것을 가지고 승무원의 비행 시간을 산출하는 근거가 되고 있다.

② **편승** : 해당 업무를 종료 한 후 또는 다음 승무를 위해 자사 또는 타 항공사를 이용하여 이동하는 것을 말한다. 이 때에는 사복을 원칙으로 한다.

## 2. 대기 근무(Stand-By)

대기 근무는 항공기편에 객실 승무원의 결원 발생시 또는 항공기 변경으로 충원시에 즉시 승무 인력을 공급함으로 항공기 지연을 사전에 방지하지 위해 특별 장소에서 대기하는 것을 말한다. 이는 2가지로 분류하는데 공항의 승무원 대기실에서의 공항 대기(Airport Stand-By)[5]와 거주지에서 대기하는 자택 대기(Home Stand-By)[6]로 구분한다.

## 3. 지상 근무

객실 승무원 업무의 특수성으로 객실 관련 업무를 위해 일정 기간 동안 사무실 근무를 하는 형태로 객실 서비스 계획 업무(Survey 및 서비스 계획 등), 지원 업무(특별기 지원 및 행사지원), 훈련 업무, 기타 등으로 지상에서 근무하는 것을 뜻한다.

## 4. 교육 훈련

객실 승무원의 교육 훈련에는 1회성인 것과 현장에서의 임무 수행을 위한 주기적이며 반복적인 교육 프로그램으로 되어 있다. 또한 모든 교육을 이수, 통과하여야만 비행 탑승 근무를 할 수 있다.

---

5) 공항 대기(Airport Stand-By) : 탑승 인원 결원시, 즉각 투입 가능한 상태로 승무 복장은 물론 모든 비행에 대비한 준비와 비행에 필요한 필수품을 갖추고 지정된 장소에서 대기한다.

6) 자택 대기(Home Stand-By) : 1일 단위로 지정된 시간까지 거주지에서 대기하며, 전화 유선이나 Internet을 통해 근무 할당을 받으며, 지정된 시간 이후에는 휴일로 전환된다.

- 신입 전문 훈련
- 수습 비행 훈련(On the Job Training)
- 국내선 근무 훈련
- 국제선 전문 훈련
- 상위 Class 서비스 전문 훈련
- 직급별 보수 교육 훈련
- 안전 훈련[7)]

## 제7절 객실 승무원의 근무 할당

### 1. 근무 할당 원칙

- 항공법에 의거, 비행 안전을 위한 최소한의 탑승 인원이 할당되어야 한다.
- 개개인의 노선별 탑승 횟수 및 비행 시간을 안배한다.
- 국제선 및 국내선 노선에 대한 편성 작업을 한다.
- 인원 수급 계획의 변동 사항을 수시로 확인한다.

### 2. 스케줄(Schedule)

주로 월 단위로 Aircrews System을 통해 승무원 개개인에게 통보되며, 개인별로 근무할당 표를 확인하여야 한다.

스케줄 표에 수록되어 있는 내용은 다음과 같다.

---

7) 안전 훈련 : 모든 승무원의 필수적인 교육으로 1년에 1회씩 이수하여, 통과하여야 항공기 탑승 근무를 할 수 있다. 교육 내용으로는 비상 착륙, 비상 착수시 대처 요령 및 승객 탈출 요령 숙지와 실습, 비상 장비, 화재 장비, 의료 장비, 기타 장비의 사용법, 긴급 환자 발생시 응급 처치 요령 및 각 기종별 비상구 작동 요령 등의 안전에 관한 제반 사항을 교육 받는다.

### 1) 개인 정보

- 이름 , 직원 번호, 직급, 직책, Base, Fleet(탑승 가능 기종).

### 2) Itinerary(일정)

- 출발 · 도착지
- 날짜별
- 출발 · 도착 시간

### 3) Day-Off, Violation, Sick Leave, Stand-By, 휴가, 교육, 전월 비행시간, 년 비행시간 기타 정보

## 3. 근무 할당

### 1) Schedule에 수록 된 용어 (사례 : Korean Air)

- D : Day-Off
- HS : Home Stand-By
- SA/SB/SC, IA/IB/IC, PA/PB/PC Airport Stand-By
  GMP, ICN, PUS Airport Stand-By
- RF : 자택대기
- TR : Training
  - EDU : Education or Training (기타 훈련)
  - GRD : Safety Training (안전 훈련)
  - TFR : FR/CL Service Training (FR/CL 기초 훈련)
  - TPR : PR/CL Service Training (PR/CL 기초 훈련)
  - TFA : First Aid Training
- V : Vacation
  - MVC : Monthly Vacation (월휴)
  - HOO : 청원휴가
  - YVC : 연휴
- LO : Lay Over

# Chapter 2

# 객실 승무원 서비스 매너

A380
A380

# 제2장 객실 승무원 서비스 매너

## 제1절 승무원으로서의 기본 자세

객실 승무원에게 있어 무엇보다도 바르고 아름다운 자세와 동작은, 개인은 물론 항공사의 이미지 형성에 큰 역할을 하며 승객 응대시 공손함을 표현할 수 있는 가장 중요한 도구이다.

서비스에 있어서 무엇보다도 중요한 요소는 형식이 아닌 마음이다.

객실 승무원이 갖추어야 할 모든 기본 자세를 함양하고 마음과 모양의 조화 속에, 마음을 어떻게 모양으로 표현하고 행동으로 옮기는가에 따라 승객으로부터 훌륭한 서비스로의 가치를 인정받아, 항공사의 중요한 역할을 좌우하는 척도가 되는 것이 곧 객실 승무원이 해야 할 일이다.

## 1. 객실 승무원으로서의 표정

### 1) 미소

● **Service Man으로써 미소의 필요성**

Service Man의 얼굴은 항상 많은 승객 및 미래의 고객인 타인에게 노출되어 있기 때문에 Service Man으로써 최상의 Manner 및 고객 응대의 기본은 바로 Smile을 잘 하는 능력이다. 예절과 매너를 갖춘 사람의 Smile은 자기가 하고 싶을 때만 하는 것이 아니라 반드시 생활화 하도록 해야 하기 때문에, 어떤 상황에서도 즉시 자연스럽고 자신감 있는 스마일을 표현할 수 있는 경지에 이르러야 한다.

## 2) 시선

시선은 승객에게 성의와 부드러움을 전할 뿐만 아니라 가장 유력한 Communication이며 부드러운 시선에 의해 승객은 "자신의 존재를 확인받았다." "인정받았다."라고 하는 안도감을 가질 수 있고, 가령 상호간에 거리가 있어 말을 걸 수 없는 상황에서도 환영과 확인의 신호를 보낼 수 있는 것이다.

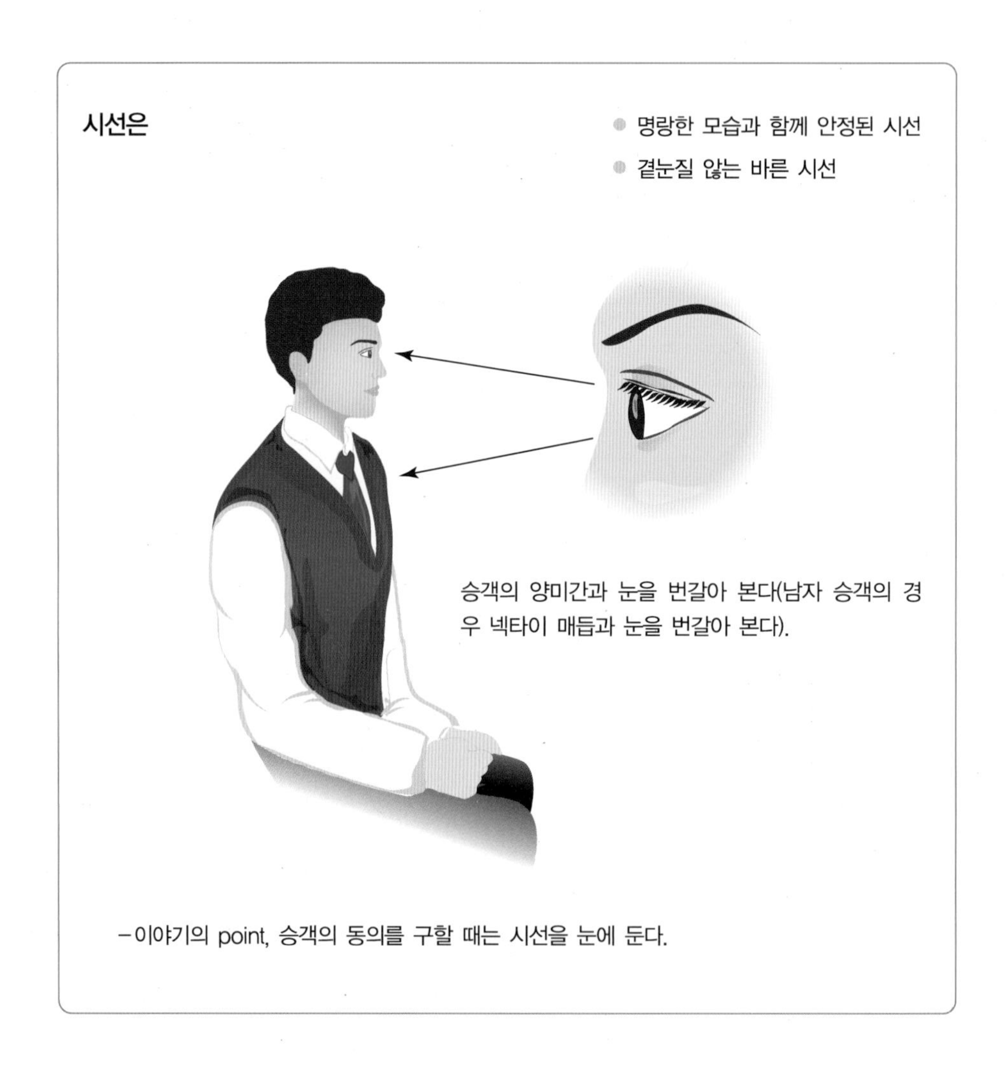

### (1) 눈의 품위

눈은 그 사람의 인간성과 인격을 나타낼 뿐만 아니라, 사물의 사고 방식, 인생관, 가치관까지 미치는 중요한 기능을 가지고 있다.

- 옆이나 위로 쳐다보는 눈 : 불신감, 불쾌감을 나타내어 접객에는 최상극이다.
- 흘기는 눈 : 이성의 마음을 끌기위해 사용하나, 접객에는 저속해 보인다.
- 눈이 왔다 갔다 하는 것 : 침착해 보이지 않아 집중력과 성의의 결여를 나타낸다.
- 응시 : 분노를 나타낸다.

### (2) 눈의 시선

Service Man의 올바른 시선 처리는 곧 자신감과 고객에 대한 공손함을 의미한다.

- 대화 중 : 고객과의 대화시 양 미간을 보는 것이 편안함을 느끼게 한다. 남자 승객의 경우 Necktie 매듭과 눈을 번갈아 보며 때때로 대화의 중심이 되고 있는 쪽으로 잠시 시선 처리를 하는 것도 좋다.
- 승객 탑승시 : 시선은 탑승권이 아니라 승객의 눈에 맞추고 승객의 다음 행동을 주시하는 것이 좋다.
- 착석 상태의 승객 응대시 : 시선의 위치가 고객보다 높이 있는 경우에는 거만한 인상을, 너무 낮게 있는 경우에는 비굴한 인상을 주므로 상대방과의 눈높이만큼 몸의 높이를 조절하여 승객에게 성의 있게 전달한다는 느낌을 준다.
- Walkaround시 : Smile과 함께 시선을 맞추며 피하지 말고, 대화를 나눈다.
- 기타 : 시선은 얼굴의 방향, 몸과 발끝의 방향까지 승객의 시선으로 향한다. 어떠한 경우라도 승객의 신체를 위 · 아래로 돌리는 것은 금한다.

## 2. 객실 승무원으로서의 용모, 복장

### 1) 용모와 복장의 중요성

용모와 복장은 자신을 표현하는 첫번째 방법이다. 또한 자신을 연출함으로써 자기 스스로에 대한 존중과 자기 이미지를 강화한다. 이것은 첫인상을 결정할 뿐만 아니라 회사 이미지 역할 기여에 아주 중요한 요인이기도 하다.

### 2) 용모와 복장의 목적

① **실용성** : 신체의 보호, 보온과 상해 예방의 기능이다.
② **예의성** : 남을 배려하고 수치심을 지키고자 하는 수단이다.
③ **장식성** : 의복은 인간의 미를 추구한다.

### 3) Uniform이 주는 의미

제복을 입은 승무원의 모습은 항공사의 이미지이며, 각 개인에게는 객실 승무원이라는 직업에 대한 긍지와 명예의 상징이다.

승무원의 Uniform은 단순히 고객과 직원의 구분을 위한 것이 아니라, 조직 전체의 개성과 특성을 나타내어 동질화된 전체의 Image의 표현이므로 승무원은 항상 단정하게 Uniform을 착용하여 단정한 모습을 유지해야 한다.

● **유니폼**

통일된 아름다움과 통일된 서비스를 제공하는 것

① 집단의 상징
② 규율에 대한 엄수
③ 고객에 대한 존중
④ 행동 통일

### 객실승무원 용모, 복장

**머리**
청결한 상태이며, 머리가 흘러내리지 않도록 단정한 머리

**화장**
건강미가 있어 보이고 화장이 자연스러우며 부드러워 보입니다.

**손 · 손톱**
적당한 손톱 길이와 메니큐어가 잘 되어 있습니다.

**스커트**
- 구김이 없고 청결합니다.
- 바느질이 터져 있는 곳이 없고 길이도 짧지 않아야 합니다.

**구두**
- 청결함과 광택을 유지하고 있습니다.
- 발 크기에 적당한 사이즈입니다.

**표정**
찡그리지 않고, 밝고 자연스럽게 웃고 있습니다.

**유니폼 상의**
- 구김이 없이 청결하며 단추가 제대로 달려 있습니다.
- 부착물은 올바른 위치에 있습니다.
- 리본의 크기가 알맞게 매어져 있습니다.

**액세서리**
심플하고 적당한 크기이며, 나를 돋보이게 합니다.

**스타킹**
올이 나가지 않은 지정된 색상의 스타킹입니다.

## 3. 객실 승무원으로서의 인사

사람 "人" + 일할 "事" 즉 사람이 행하여야 하는 일이다.

### 1) 탑승, 하기시의 인사

- 밝은 미소로 인사말과 함께 인사를 한다.
- 승객을 마주 보는 자세로 선다.
- 계속 탑승하는 승객에게 일일이 인사를 못할 경우에는 2~3명에 걸쳐 인사를 한다.
- 승객의 응답을 요구하지 말고 지속적인 인사를 한다.
- 기계적인 인형식의 반복 인사법을 탈피하고, 마음이 담긴 인사를 한다.

## 2) 인사시 유의 사항

특히 상대방이 외국인인 경우, 현지어로 하는 인사는 승객에게 친근감을 나타내는 장점은 있으나, 문화적 차이로 승무원의 격식없는 인사에 대해 타 승객으로부터 좋지 않은 인상을 심어 줄 수 있을 뿐 아니라 객실 승무원으로서의 품위 실추 요인이 될 수 있으므로 항상 예의 바르고 정중하게 하여야 한다.

### (1) 각국의 인사말

| | 아침 | 점심 | 저녁 |
|---|---|---|---|
| 영어 | Good Morning | Good Afternoon | Good Evening |
| 프랑스어 | Bon Jour<br>(봉주르) | Bon Apremidi<br>(봉 아프라미디) | Bon Soir<br>(봉수아르) |
| 독일어 | Guten Morgen<br>(굿텐 모르겐) | Guten Tag<br>(굿텐 탁) | Guten Abend<br>(굿텐 아벤트) |
| 스페인어 | Buenos Dias<br>(부에노스 디아스) | Buenos Tardes<br>(부에노스 타르데스) | Buenos Noches<br>(부에노스 노체스) |
| 일본어 | おはようごじゃいます.<br>(오하요- 고자이마스) | ごんにちは.<br>(곤 니찌와) | ごんばんは.<br>(곤 방와) |

### (2) 기타

- 한국 : 안녕하세요
- 하와이 : Aloha(알로하)
- 아랍 : 살라암말리쿰
- 중국 : 니 하오(마)
- 러시아 : 즈드라스뜨 비체
- 태국 : Sawat Khrap.(사왓디 크랍)
- 인도 : Namaste.(나마스테)
- 이태리 : Boun Giorno Ciao(본 조르노)
- 필리핀 : Mabuhai(마부하이)

- 베트남 : Chuo Ann(짜오 안)
- 서반아 : 떼 끼에로
- 북인도 : 줄레

### 3) 인사의 방법

① Eye Contact을 하고 – 등과 목을 펴고 배를 끌어당기며 허리부터 숙인다.
② 숙인 채로 1초 STOP – 이때 머리, 등, 허리선이 일직선이 되도록 한다.
③ 천천히 2초 정도 상체 올림 – 숙일 때 보다 천천히 상체를 올린다.
④ Eye Contact을 하면서 – 똑바로 선 후에 자세를 바로 잡는다.

### 4) 인사의 각도

① 목례(약 15도) : 가벼운 인사로 동료나 친한 사람끼리, 엘리베이터 안, 계단, 자주 만날 때, 전화 통화 중일 때 한다.
② 보통례(약 30도) : 반가운 마음이 담긴 인사로, 승객 탑승시, 하기시 또는 일반적인 인사로 만날 때, 헤어질 때 한다.
③ 정중례(약 45도) : 감사 및 사과의 마음을 표현할 때 즉, Welcome Greeting시, Farewell시, Safety Demonstration시에 한다.

## 4. 객실 승무원으로서의 말씨와 대화

### 1) 좋은 말씨 만들기

객실 승무원의 상냥하고 즐거움을 주는 대화는 가장 좋은 서비스 상품이다. 객실 승무원이 사용하는 언어나 말투는 고객 응대에 있어 가장 기본적인 요소라 할 수 있다. 적절치 못한 대화에서 비롯되는 불만이 고객 불만의 큰 부분을 차지하고 있으며, 이는 인적 서비스의 저해 요인이 된다.

따라서 객실 승무원은 기내에서 일어날 수 있는 다양한 상황에 따라 올바르게 대응할 수 있는 대화 요령을 익히는 것이 매우 중요하다.

### (1) 말을 하는 예절

- 대화 상대에 따라서 말씨를 조절한다.
- 감정은 평온하게 하고 표정은 부드럽게 한다.
- 항상 자세를 바르게 한다.
- 승객에게 맞는 화제를 선택한다.
- 명확한 발음, 조용한 어조, 적당한 속도로 말한다.
- 듣는 사람의 반응을 살핀다.
- 남의 이야기 중에 끼어들지 않는다.
- 말의 시작은 양해를 얻어서 하고, 끝맺음은 요령 있고 분명하게 한다.

### (2) 말을 듣는 예절

- 상대방과 Eye Contact하며 정면으로 바라본다.
- 상대방의 말에 반응을 보인다.
- 승객의 질문에 의문 사항이 있으면 말이 끝난 후 묻는다.

### (3) 경어 사용 요령

- 절대로 반말을 사용하지 않는다.
- 성의 있고 예의 바른 단어를 사용하여 적절한 Tone으로 응대한다.
- 정중한 자세와 동작이 경어 사용의 효과를 높일 수 있다.
- 어린이 승객, 학생 승객, 젊은 여성 승객에게도 정중한 표현을 잊어서는 안 된다.

### (4) 호칭법

- 승객을 부를 때 이름을 불러서는 안 되며, 적합한 호칭을 사용해야 한다.
- 직함을 아는 경우, 함께 붙여 사용한다.(성 + 직함 + 님)
- 호칭이 반복될 때는 '직함 + 님' 으로 사용해도 무방하다.

- 적합한 호칭이 없을 때에는 내국인은 '손님, 사모님' 으로 칭하고, 외국인인 경우 'Sir, Ma' am' 을 사용한다.
- 아무런 사전 정보가 없는 경우에는 Personal Touch를 통해 알아내어 호칭한다.

## 2) 기내 대화의 원칙

대화의 원칙이란 말하는 것보다 듣는 것이 중요하다는 것이다.

상대방의 이야기를 정성스럽게 듣는 자세는 인내심과 상대를 존중하는 마음이 필요하며, 그 자세는 상대로부터 신뢰감과 호감을 형성하게 된다.

1, 2, 3 대화 기법과 대화의 3원칙을 활용하여 승객 응대에 활용해야 한다.

### (1) 1, 2, 3 기법

① 1:1분 이내 자기 말을 끝내라.

② 2:2분 이상 상대가 말하게 하라(이는 상대방의 말을 많이 들으라는 의미이다).

③ 3:3번 이상 맞장구를 쳐 주는 기법으로 대화를 하는 것이다.

### (2) 대화의 세 가지 원칙

STOP(멈추어라) – LOOK(보아라) – LISTEN(들어라)

- STOP : 말하기 전에 멈추어서 생각을 정리한 후 말한다.
  첫째 : 자신의 말이 논리적이고 내용이 구성되어 있는가를 확인하고 말한다.
  둘째 : 내가 이 이야기를 함으로 상대방의 입장을 생각하고 말한다.
- LOOK : 상대방의 눈을 보면서 대화하고 관심을 표명한다.
- LISTEN : 말을 잘 하는 것보다 말을 잘 듣는 것이 더욱 중요하다. 대화의 내용을 잘 듣고 파악, 대응하라는 것이다.

### (3) 경청의 매너

- F : Friendly : 상대의 속마음을 이해하려 노력하고, 건성으로 듣지 말며 상대와 같은 심정으로 듣는다.
- A : Attention : 상대방의 입장에서 들으며, 말을 도중에 중단시키지 않는다.
- M : Me. Too : 반응을 보이며 가끔씩 한 말을 반복해 맞장구친다.
- I : Interest : 상대방의 거울같이 이야기에 흥미를 가진다.
  상대방의 이야기에 따라 웃는 표정, 찡그리는 표정 등으로 응대한다.
- L : Look : 상대방의 표정과 동작을 주시한다.
- Y : Your : 상대방의 입장으로 생각한다.

## 3) 기내 대화의 7가지 Point

- 'NO' 라고 말하지 않는다.
  승무원은 가능한 한 도와주도록 노력하며, 불가능한 일이라도 최선을 다하여 해결하려는 모습을 보여야 한다.

- 부정적인 표현은 의뢰형 또는 긍정어(문)로 한다.
  * 부정문은 고객의 기대에 어긋나는 말이므로, 가능한 긍정 표현으로 고객에게 최선을 다한다는 성실함을 보여 준다
  * 없는데요 : 마침 그것이 없는데 대신 이것은 어떻습니까? 라는 대안 제시 방법은 반드시 필수 조건이다.

- 승객의 수준에 맞는 표현을 사용한다.
  승객의 성향, 학력, 취향 등을 사전에 파악하여 그 승객에 맞는 적절한 언어를 구사해야 한다.

- 외국어, 전문 용어는 가능한 한 사용하지 않는다.

사례) "이 비행기 언제 하와이에 내리지요?"라는 질문에

* "Arrival이요?" ATC에서 20분 Holding하고 있으라니까, Landing은 ETA 보다 40분 정도 Delay되어 호놀룰루 공항에 오후 5시 10분에 도착하겠습니다.
* "도착이요?" 관제탑에서 20분 공중 대기하고 있으라니까, 도착은 예정 도착 시간보다 40분 정도 늦어져 호놀룰루 공항에 오후 5시 10분에 도착하겠습니다.

- 알아듣기 쉬운 Speed와 적절한 Tone으로 이야기 한다.
  말을 듣는데 부담감이 느껴져서는 안 된다.

- 고객의 말을 끝까지 경청하고 정확히 이해하는 Sense를 키운다.
  '입 하나, 귀 둘' 이라는 속담이 있듯이 귀담아 듣고 내가 해야 할 일의 방법과 과정을 세울 수 있다.

- 고객의 말을 재확인하며, 말 한 내용을 잊지 않게 Memo하는 습관을 갖는다. 일부 승객 중에는 알아듣기 불분명한 어투 사용으로 이해하지 못할 때에는 다시금 확인을 하고 Memo를 함으로 반듯한 인상과 공손함을 나타낼 수 있다.

(기내 대화 요령을 익힌 상태라면 당신은 어떻게 답변하시겠습니까?)

* 아실만한 분이 이런 것도 모르세요? ____________________?
* 손님이 잘못 하셨네요. ____________________.
* 이것은 제 소관이 아니니 다른데서 알아보세요. ____________________.
* 마음대로 하십시오. ____________________.
* 그것은 없어요, ____________________.
* 마음대로 좌석 이동을 해서는 안돼요. ____________________.

PART 2

### 4) 기내 대화시 유의 사항

- 특정 고객과 장시간의 대화는 편중된 서비스라는 인상을 준다.
- 공통 주제로 대화하되 승객이 흥미를 느끼는 대화 주제를 빨리 찾아 상대방의 입장을 존중해 준다.
- 자신의 화제로 대화하지 마라
- 승객끼리의 대화시 무리하게 끼어들지 말 것
- 탑승객을 설득하거나 교육시키려는 태도는 금한다.
- 'You Know?' 'Ya' 'OK' 등의 정중하지 못한 외국어의 사용은 하지 않는다.

## 5. 객실 승무원으로서의 자세 및 동작

### 1) 기본 자세

#### (1) 승객의 눈높이 자세

- 승객과의 대화시 1열 앞이나 승객의 Armrest 옆쪽에서 눈높이 자세를 취한다.
- Order Taking시 눈높이 자세를 취한다.
- Personal Touch시, 승객에게 사과할 때 등 필요한 경우에는 무릎을 꿇고 앉은 자세로 응대한다.
- 승객과의 장시간 대화시에는 응대하는 쪽으로 무릎을 바닥에 대고 상체가 흔들리지 않도록 한다.
- Memo시 Serving Tray를 받쳐 사용하되, Tray는 낮게 하며 Tray의 뒷면이 보이지 않도록 한다.
- Menu나 Wine List 등의 Order시 손가락을 사용해서는 안되며, 반드시 손을 모아 손바닥이 위로 오도록 하여 가리킨다.

#### (2) 걷는 자세

- 가슴과 등을 곧게 펴고 시선은 승객을 향한다.

- 보행 중에는 다리가 벌어지지 않도록 양 무릎을 스치듯 걸으며 발을 끌지 않는다.
- 주머니에 손을 넣거나, 팔짱을 끼거나, 뒷짐을 지는 것은 해서 안 될 자세이다.
- 비상 상황 외에는 뛰어서는 안되며, 급할시에는 빠른 걸음으로 이동한다.

### (3) 서 있는 자세

- 평상시에 여자는 오른손, 남자는 왼손을 위쪽으로 오게 가지런히 공수자세를 취한다.
- 턱은 당기고 시선은 정면을 향하며 등과 가슴은 곧게 편다.
- 무릎과 발뒤꿈치는 붙이고 몸의 중심은 양다리에 두고, 양발은 11시 5분의 각도로 벌린다.
- 의자, 벽, 기둥에 기대거나 뒷짐을 지고 서 있지 않는다.

**승객 응대시 선 위치는**

승객과의 응대시는 45도 각도로 80cm 정도의 거리에서 승객과 정면으로 선다.

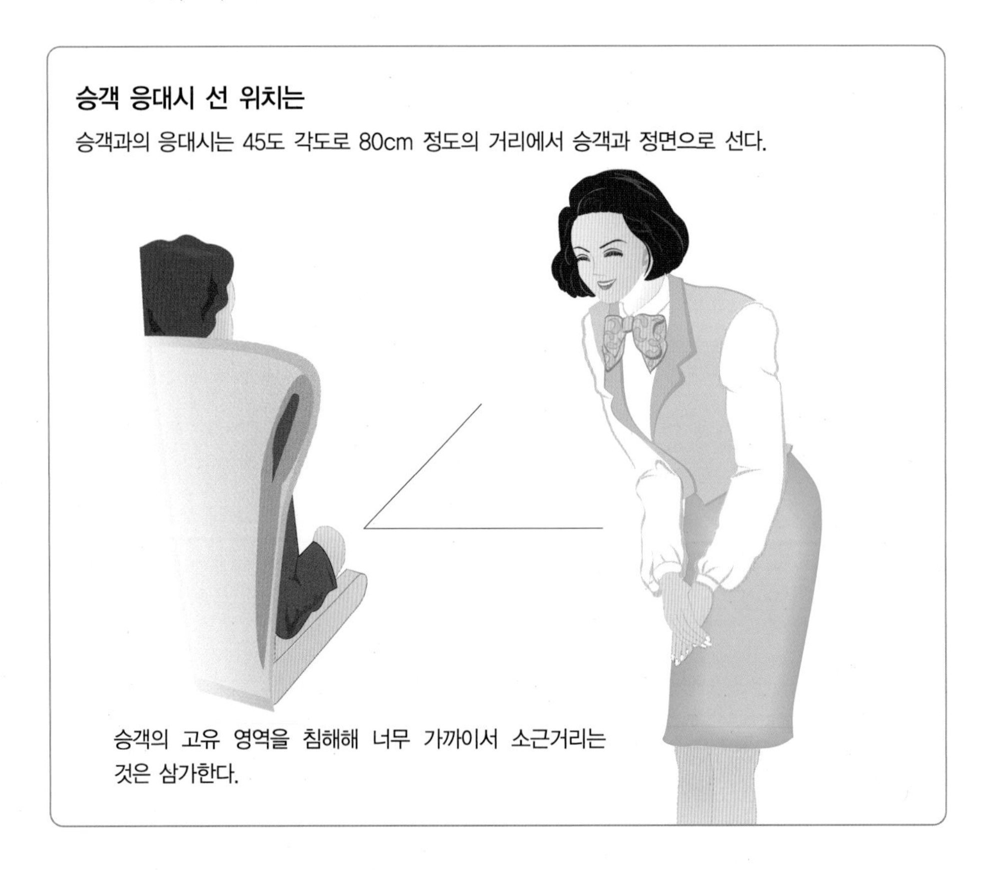

승객의 고유 영역을 침해해 너무 가까이서 소근거리는 것은 삼가한다.

### (4) 앉는 자세

- 허리를 곧게 펴고 등과 등받이 사이에 주먹이 하나 들어갈 정도의 간격을 둔다.
- 손은 모아서 무릎 위에 놓고 무릎과 발은 붙여서 직각으로 세운다.

### (5) 승무원 좌석에 앉는 자세

- 승무원 좌석을 향해 반보 정도 앞에 선 다음 몸을 약간 숙여 한손으로 Seat 를 편다.
- 여승무원은 다른 한 손으로 스커트일 경우 앞부분을 누르듯이 하여 앉는다.
- 다리를 꼬거나, 접거나, 벌리지 않으며, 무릎은 흔들지 않는다.

### (6) 계단을 오르내리는 자세

- 상체는 곧게 펴고 몸의 방향은 비스듬히 한다.
- 올라 갈 때, 내려 올 때의 시선은 약 15도 정도의 위 아래로 향하여 걷는다.
- 올라 갈 때는 남자가 우선, 내려 갈 때는 여자가 먼저 내려간다.

### (7) 물건을 주고 받을 때의 자세

- 중요 물건은 가슴과 허리 사이에서 들어 옮긴다.
- 물건을 건네주는 위치도 가슴과 허리 사이에서 전한다.
- 작은 물건일 때는 한쪽 손을 받친다.

## 제2절 승객 응대 요령

### 1. 승객 응대의 마음가짐

#### 1) 항상 성의를 가지고 응대한다

업무이기 때문이거나 승객이기 때문이 아니라 사람을 맞이하는 따뜻한 마음가짐을 생활 속에서 익힌다.

#### 2) 친절한 마음씨를 잊지 않는다

승객의 기쁨이 곧 자신의 기쁨이 된다는 생각으로 적극적으로 대처한다.

#### 3) 올바른 예절로 응대한다

형식에 치우친 응대는 표정이나 말씨에서 표현되기 때문에 항상 따뜻한 마음과 더불어 올바른 매너가 필요하다.

#### 4) 업무 지식을 풍부하게 갖고 확실히 처리한다

비행 정보, 일반 상식 등을 풍부하게 갖추어 승객의 요구에 응한다.

#### 5) 적극적인 태도로 승객의 의도를 확실하게 파악한다

애매하게 말하는 승객은 적극적인 태도로 그 승객의 의도와 용건을 파악하여 정확하게 안내한다.

#### 6) 승객의 성격을 재빨리 파악한다

고객 중심의 응대로 전환한다.

### 7) 약속은 반드시 지킨다

승객의 각종 Order에 반드시 Memo하여 응대하여야 한다.

## 2. 객실 승무원의 고객 응대 Manner

### 1) 승객에게 무관심한 모습은 보이지 않는다

승객의 호출시에는 하던 일을 멈추고 즉시 그 용건에 대해 신중히 들어주는 태도를 가진다.

### 2) 양해를 구하지 않은 채 기다리게 하지 않는다

승객을 기다리게 할 경우, 우선 양해를 구하고 다소 시간이 길어지면 중간에 이유와 상황을 설명한다.

### 3) 동료와의 사담, 승객에 대한 험담이나 비평은 하지 않는다

동료와의 사담은 근무 태도에 대한 나쁜 인상을 주게 되며, 승객의 험담은 승객과 같은 입장이라는 불쾌감을 가지게 된다.

### 4) 승객과 논쟁하지 않는다

승객의 지나친 태도나 실수라도 자기 감정을 억제하고 차분히 응대하는 성숙한 자세를 보인다.

### 5) 자신과 관계없는 일이라 "모른다"라고 방관하지 마라

자신이 모르거나 타 부서의 일이라도 친절한 안내의 적극성이 필요하다.

### 6) 바쁘다고 소란스러워 보이지 마라

일이 바쁘면 자기 본성이 표출될 수 있으니, 자아를 억제하고 승객의 입장에서 판단하여 처신해야 한다.

### 7) 몸가짐을 단정히 하라

기내에서의 단정한 용모, 복장은 자기 관리에 철저하다는 인상을 심어준다.

## 3. 승객 유형별 대처 Know-How

### 1) 조급(빨리빨리)형

서비스가 조금만 늦어도 재촉하는 타입으로 말은 '시원시원' 행동은 '빨리빨리'가 상책이다.

### 2) 자기 과시(뽐내는 거만)형

누구나 잠재되어 있으나 안하무인격의 큰소리 거만형은 자기 과시욕이 충족되도록 정중하게 대하며 뽐내게 하라.

### 3) 쾌활한형

상대하기는 쉽지만 마음을 놓지 말고, Yes, No를 분명히 하고 예의를 벗어나지 않도록 한다.

### 4) 꼬투리형

말이 많고 트집을 잡는 타입은 이야기를 경청하며 추켜세우고 상냥한 말투로 설득하는 것이 효과적이다.

### 5) 얌전(온순)형

저자세 및 과묵한 승객의 마음을 헤아리기 쉽지 않다. 이는 예의 바르게 Personal Touch를 잊지 말도록 한다.

### 6) 의심 많은(궁금증)형

반드시 정확한 정보를 제공하여 스스로 확신을 갖도록 한다. 가능한 한 사무장이 응대하는 편이 좋다.

### 7) 어린이 동반 승객

어린이의 관심을 더욱 반기어 어린이의 특징이나 장점을 빨리 파악하여 칭찬을 하면 효과 100%이다.

이때 어린이용 장난감을 이용하여 친해져서 말을 듣도록 한다.

### 8) 노년층 승객

항상 예의를 갖추고 공손함을 유지하며 호칭에 유의해야 한다.

할아버지, 할머니 등의 호칭보다는 할아버님, 할머님을 사용해야 한다.

### 9) 장애인 승객

장애인이라는 말의 사용을 금하며 우리와 동등한 똑같은 사람이라는 것을 주지하고, 도움이 필요한 사항에 미리 양해를 구해 장애의 초점이 아닌 어려움의 초점을 맞추어라.

고객이 먼저 요구하기 전에 어떻게 도와 드릴 것인가에 초점을 두어 적극적이며 상황 인지에 적극적이어야 한다.

## 4. 국적별 승객의 특성

객실 승무원은 세계화 시대에 개인과 조직이 국제 사회에 조화롭게 대응하기 위해 다른 민족, 다른 국가, 다른 문화에 대한 이해와 차이점에 대한 숙지가 가장 필요하다.

항공기 내에서의 다양한 인종 및 국적을 가진 승객들의 다른 문화를 동질화하는 데 많은 노력이 필요하다.

### 1) 한국인

- 일반적으로 대접 받는다는 기대감은 있으나 즉각적인 표현을 하지 않고 타 승객에게 더 관심을 보인다고 느끼면 강한 반발심을 가진다. 사전에 요구사항이나 감정을 파악하여 대처하여야 한다.

### 2) 일본인

- 질서 의식과 준법 정신이 강하며 예의가 바르고 친절하기에 이와 같은 서비스를 기대한다.
- 이들은 감정을 잘 표현하지 않으며 화가 나면 잘 풀리지 않는다.
- 만약 실수로 인해 피해를 주었을 때에는 물질적인 배상보다는 먼저 정중한 사과를 거듭하는 것이 최우선이다.

### 3) 중국인

- 중국인은 지역에 따라 차이가 있으나 체면을 중요시하는 성향이 있다.
- 자존심을 건드리는 행동이나 언어에 주의하여야 한다.
- 식사를 중요한 친교 방법으로 인식하여 식사 서비스에 관심이 많다.
- 서구식 교육을 받은 일부 화교들은 교육 수준이 높아 질높은 서비스를 기대한다.

### 4) 미국인

- 격식을 중요시 하지 않고 외향적이며 적극적이다.
- 개인주의 성향이 발달되어 있다.
- 승무원에게 자기의 요구를 적극적으로 표현하며 서비스를 요구한다.
- 이런 상황에서 지속되는 서비스 요구를 충족하다가는 타 승객으로부터 차별화 서비스라는 인식을 줄 수 있으므로 기술적인 서비스 요령이 필요하다.
- 만족치 못한 서비스나 잘못된 것에 대해서는 고객제안서(Complaint Letter)를 기재하는 성향이 많다.

## 제3절 불만 승객 응대법

PART 2

불만 승객의 불만은 승객의 입장에서 모든 것을 생각을 하고 결론을 내리기 때문에 객실 승무원의 대처는 어려우면서도 반드시 해결하여야 할 과제인 것이다.

항공사의 업무 분할의 특수성으로, 탑승 전 발생되는 항공기 탑승 예약, 항공권 발권, 탑승 수속, 수하물 처리, 보안 검색 등의 모든 제반 과정에 발생되는 불쾌감이 장시간 승객과의 접촉 시간이 많은 객실 승무원에게 나타내는 경우가 대부분이라 더욱 더 항공사를 대표하는 입장으로 그 역할을 해야만 한다.

### 1. 승객의 불만 발생 요인

- 승객의 기대에 못 미치는 서비스(Sincerity)
- 지연 서비스(Speed)
- 직원의 실수 및 무례함
- 약속 미이행
- 책임 전가
- 단호한 거절

## 2. 불만 승객 응대 요령

### 1) 항공사의 문제인 경우

**(1) 최초의 응대가 중요하다**

불만 사항은 최초 발생시 적극적으로 해결하는 것이 최선이나. 응대 방법의 미숙으로 확대되어 해결을 어렵게 만든다.

**(2) 승객의 불만 사항이 정당하면 즉각 잘못을 시인하라**

승객의 입장에서 성의 있는 태도를 보여야 한다. 핑계는 승객의 화만 더 돋운다.

**(3) 사과의 마음과 행동이 있어야 한다**

형식적인 말로만 사과하는 경우는 역효과를 나타내므로 미안해하는 마음과 즉각적인 행동이 요구된다.

"이 정도면 되겠지"라는 생각은 버려야 한다.

### 2) 승객의 문제인 경우

① 상대방의 이야기를 가능한 한 모두 듣는다.

② 고객의 잘못을 간접적으로 지적한다.

③ 승객 불만이 사리에 맞지 않는다고 무조건 고자세로 반격하지 않는다.

④ 고객이 빠져 나갈 길을 열어 주고, 자존심이 상하지 않도록 한다.

## 3. 불만 처리의 4 원칙

### 1) 우선 사과의 원칙

승객은 화가 나 있는 상태로 감정이 고조되어 있음을 인지하여 우선 사과로 시작하라.

### 2) 원인 파악의 원칙

불만 요인의 핵심을 정확히 알아낸다.

### 3) 신속 해결의 원칙

해결이 빠를수록 미래의 고객으로 발전할 수 있다.

이때 승객과 잘못 여부를 가지고 논쟁하지 말고, 승객의 잘못이라도 말꼬리나 트집을 잡지 말아야 한다.

### 4) 지속 관심의 원칙

목적지까지 지속적인 관심을 표명하는 것이 중요하다.

## 4. 불만 승객에 대한 객실 승무원의 자세

- 잘못된 경우에는 즉각 사과하라.
- 승객의 불만 내용을 끝까지 경청하라.
- 승객이 지적하는 도중에 말을 막거나 변명하지 마라.
- 불만 내용을 타부서로 전가하지 마라.
- 불만 내용을 업무 개선의 기회로 삼아라.
- 원칙만을 고집하지 말고, 승객의 입장에서 처방을 모색한다.
- 심한 불만 고객은 경험 있는 상급자가 처리토록 하게 하라.
- 불만 승객과 별도의 장소에서 원만하게 대화하라.

# Chapter 3

# 항공기 객실 구조

# 제3장 항공기 객실 구조

## 제1절 항공기의 객실 구조

항공기의 기내를 객실이라 하며 영어로 Cabin이라 한다.

그리하여 객실 승무원 또는 Cabin Attendant(C/A) 또는 Cabin Crew라고도 부른다.

항공기의 객실은 항공기의 크기에 따라 몇 개의 비상구(Exit Door)와 비상구 사이로 구분하여 Class와 구역 Zone으로 나누며, 대형기 및 중형기에서는 객실 승무원의 근무 구역 설정이 된다.

또한 항공기 객실 통로[1] 또는 Door 수에 따라 대, 중, 소형기로 구분 할 수 있다.

---

1) 객실 통로(Aisle) : 항공기 전 · 후를 연결하고 승객이 통행하는 기종에 따라 1~2개가 있으며, 통로가 1개인 항공기를 Narrow Body(내로우 바디)라 하고, 2개인 항공기는 Wide Body(와이드 바디)라 칭한다.

• B747-400(Class와 Zone)

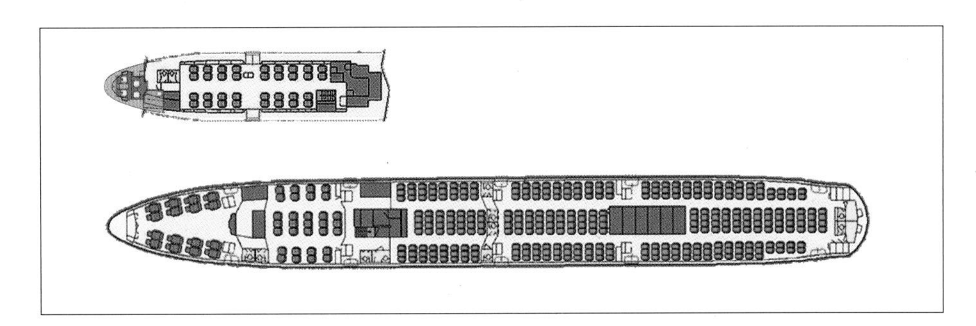

• A 380(Class와 Zone)

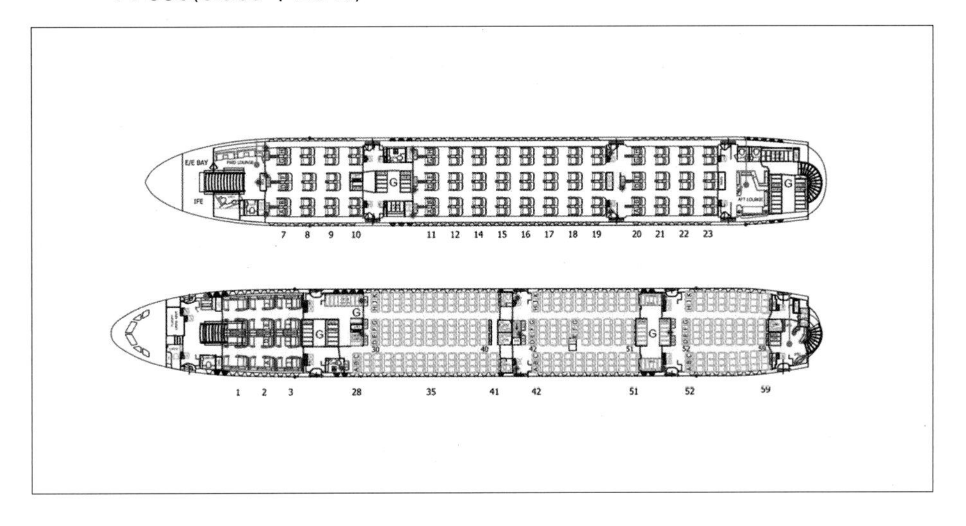


## 1. 대형기

대형기는 신형인 A380, B747-400, B747-300과 B777-300 항공기를 예로 들 수가 있다.

대형기의 객실 구역은 앞에서 뒤로 A, B, C, D, E Zone으로 구분하고 있다.

A380은 같은 크기의 2층 구조로 되어 있으며, 아래층에는 좌우 5개씩의 비상구와 2층에도 좌우 3개씩의 비상구로 구성되어 객실에는 총 16개의 비상구로 되어 있다.

A380

B747-400인 경우 비상구가 Main Deck에는 좌우로 5개씩 있으며, 항공기 객실 전방의 A, B Zone 위로 Cockpit의 공간을 제외한 크기의 Upper Deck(U/D) Zone이 있으며 여기에 좌우 1개씩의 비상구가 있다.

Upper Deck Zone에는 비상구가 있으나 근무 할당에 있어서는 1개의 Zone으로 운영한다. B777-300인 경우 비상구가 양쪽 5개씩이 있으며 Upper Deck Zone은 없다.

B747-400

## 2. 중형기

중형기는 Airbus사의 A600, A330. A340 등과 Boeing사의 B777-200, B767-300, B767-400, B787 등의 항공기를 예로 들 수가 있다.

중형기의 객실 구역은 앞에서 뒤로 A, B, C, D, Zone으로 구분하고 있다.

B777-200인 경우 비상구가 양쪽 4개씩이 있다.

B777-200

B787

PART 3

## 3. 소형기

소형기는 Boeing사의 B737 전 기종, Forker사 및 기타 소형 항공기 등을 예로 들 수가 있다.

비상구는 좌우 2~3개가 있으며, 항공기의 전방, 후방의 개념으로 근무 구역을 설정한다.

B737은 항공기 중간에 Overwing Window Exit이 좌우에 2개씩 있다.

소형기의 객실 구역은 앞은 Forward(FWD), 뒤는 After(AFT)로 구분하고 있다.

B737-900

# 제2절 항공기의 객실 등급

항공기 객실 등급은 일등석(First Class), 이등석(Business Class) 그리고 일반석(Economy Class)으로 구분되고 있으며, 항공사마다 객실 등급의 명칭은 차이가 있다.

## 1. 일등석(First Class) : FR/CL

일등석은 객실의 맨 앞이나 Upper Deck에 위치하며, 극소수의 승객을 위해 다른 등급의 좌석과는 달리 호화스러움과 편안함을 최우선으로 좌석의 간격과 사이가 넓으며, 쾌적함과 안락하게 Luxury한 좌석의 수를 8석에서 16석 정도로 제한하고 있는 것이 보편화 되어 있다.

새로운 기종의 A380에는 장거리 승객을 위한 간이 샤워장도 설치할 수 있다고 한다.

항공기 전방에 위치하는 이유는 항공기의 요동과 소음이 가장 적은 공간이기 때문이다.

B747-400 Slipper Seat

A380 Sleepers First Class

KAL의 Cocoon Style Sleepers Seat

## 2. 이등석(Business Class)

모든 항공사의 마케팅 전략 대상으로, 특색 있는 명칭으로 경쟁하며 승객의 다양한 편의 시설을 제공하고 있다. 네덜란드 항공사 KLM이 최초로 일등석을 없애고 비즈니스를 위한 이등석을 운영 실시함으로 승객에게 적은 요금으로 일등석과 같은 대우를 받는 좋은 결과를 가져 왔다.

Main Deck Business Seat

이등석의 객실 위치는 일등석 뒤쪽 Zone의 Main Deck(M/D)이나 2층 Upper Deck에 위치하고 있으며, A380인 경우 대한항공은 2층(Upper Deck)을 사용하는 것으로 Lay-Out 되어 있다.

이등석 승객의 수는 항공기 구조에 따라 1개 내지는 2개의 공간을 이용하여 20~97여명 정도로 소수를 위한 공간이다.

항공기 내의 구조는 항공사 특징을 살린 Option에 의해 제작되고 있다.

- 각 항공사의 특색 있는 명칭
  - Thai Airways Int'l Public Co (TG) : Royal Silk Class
  - Korean Air (KE) : Prestige Class
  - British Airways (BA) : Club World
  - Malaysian Airline (MH) : Golden Club
  - Cathay Pacific (CX) : Marco Polo Class
  - Air France (AF) : Espace
  - Japan Airlines (JL) : Executive

B747-400 Upper Deck Business Seat

B787 Main Deck Business Seat

## 3. 일반석(Economy Class) : EY/CL

각 기종에 따라 좌석 수가 차이가 있으며 100명에서 500여 명까지 탑승할 수 있는 공간이다. 객실 내의 위치는 비즈니스석의 후반부부터 전 객실을 이용하며, A380 경우는 1층 전체 또는 전방의 일등석 뒤쪽으로 설정해 놓고 있다. 아시아나

A350 Economy Class

항공에서는 Travel Class로 칭하고 있다.

최근 항공사별로 신형 기종의 일반석에 승객의 편리함과 쾌적성을 위해 AVOD의 장착, 등받이 각도와 좌석간의 간격을 넓히고, 발 받침대를 장착하는 시설에 주력하고 있는 실정이다.

A380 Economy Class

PART 3

## 제3절 항공기의 객실 구성

### 1. 각 Class별 승객 좌석

승객의 좌석은 열의 형태로 배치되어 있으며, 이런 열은 번호로 지정되고 각 좌석은 영문 알파벳순으로 지정되어 있다.

좌석은 승객 좌석과 승무원의 좌석(Jump Seat)으로 구분할 수 있다. 좌석은 객실 서비스 등급에서 기술한 바와 같이 일등석, 이등석, 일반석으로 나뉘며, 각 항공사별로 자사의 특성에 맞게 좌석을 배치하며 간격(Seat Pitch)과 너비의 차이가 있다.

좌석의 구성 요소는 Armrest, Footrest, Seatbelt, Tray Table, Seat Pocket, Seat Restraint Bar 및 모든 승객과 승무원 좌석 밑에는 비상 착수 상황을 대비하여 사용할 수 있도록 Life Vest(비상용 구명복)가 비치되어 있다.

- Armrest : 이는 고정식과 유동식이 있으며 앉아 있을 때의 팔걸이로 좌석을 뒤로 기울이는 Recline Button과 종류에 따라 음악의 선곡 및 음량 조절 장치, 독서등, 승무원 호출 장치[2] 등이 있다.
- Footrest : 일등석과 이등석에는 설치되어 있으며, 일반석에도 전체적으로 장착되어 가는 추세이다. 상위 Class의 Footrest의 조절 장치는 Armrest에 설치되어 있다.
- Tray Table : 일반석은 대부분 앞좌석 등받이에 있어 아래로 내려 사용하고 사용치 않을 때는 위로 올려 Twist Lock시켜 고정시킨다. 상위 Class와 Bulkhead Seat[3]의 Tray Table은 Armrest 안에 장착되어 있다.

Meal Tray Table 및 Footrest

- Seat Pocket : 앞좌석 등받이 밑에 위치하며 Safety Instruction Card, 기내 잡지, 기타의 인쇄물 등이 비치되어 있으며, Bulkhead Seat 같은 경우에는 Side Wall이나 Bulkhead에 있다.

2) 승무원 호출 장치 : Passenger Call : Blue, Lavatory Call : Amber, Crew Call : Pink색으로 승무원 Panel에 표시되며 Chime이 울린다.

3) Bulkhead Seat : 객실을 나누는 칸막이로 Class나 Zone 사이에 설치되어 분리벽에 있는 좌석을 말한다.

PR/CL 및 EY/CL의 Seat Pocket

## 2. 승무원의 좌석(Jump Seat)



승무원의 좌석 주변을 Duty Station이라고 하며, 비상시 승객의 탈출을 위해 비상구 옆에 전향 또는 후향으로 위치하며 1~2명이 앉을 수 있도록 설치되어 있고, 사용치 않을 때에는 자동적으로 접히게 되어 있다. 모든 Jump Seat에는 좌석 벨트와 Shoulder Harness Type Belt로 구성되어 있다.

또한 승무원의 좌석 주변에는 Attendant panel[4]이 있다. 뿐만 아니라 방송용 인

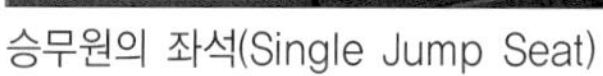

승무원의 좌석(Single Jump Seat)

4) Attendant panel : 승무원 좌석 주변에 있으며, 객실 내의 조명 조절 장치, Communication System, Pre-Recorded Announcement나 Boarding Music을 조절하는 장치가 설치되어 있다.

터폰과 산소마스크 등의 각 비상 장비가 장착되어 있다.

Attendant panel의 기능은 각 Station 별로 상이하나 Cabin Light, Reading Light, Cabin Temperature Control 및 Water Quantity Indicator 등이 되어 있다.

## 3. 선반(Overhead Bin)

승객의 휴대 수하물을 보관하는 곳으로, 위쪽으로 열리는 것과 아래로 열리는 것이 있으며, 뚜껑이 있는 것은 Stowage Bin이라 하고 없는 것은 Hatrack이라 한다. 바깥쪽에는 수용할 수 있는 최대 허용 무게 표시(Placard)가 붙어 있다.

항공기 내 Overhead Bin에서의 수하물 낙하 사고로 부상의 빈번도가 상당히 높은 것을 감안할 때 많은 주의를 요한다.

Overhead Bin

## 4. 주방(Galley) : GLY

비행 중 승객에게 제공하여야 할 각종 기내식과 음료를 보관하고 준비하는 곳을 Galley라 한다.

그 위치는 항공기종에 따라 다소의 차이는 있으나, 항공기의 전방, 중앙, 후방에 있으며, Oven, Coffee Maker, Water Boiler, 냉장고, Micro Oven, Meal Cart, 음

료 Cart, 각종 서비스 용품 등을 보관할 수 있는 Compartment가 있다

모든 Galley의 전원은 Cockpit에서 공급, 차단을 하는 System으로 되어 있다.

A380 Galley



## 1) Oven

(1) 지상에서 탑재된 Meal, 빵, Towel 등을 Heating 하여 승객들에게 제공하기 위해, 객실 승무원은 Meal의 내용, 적정한 온도, 시간 등을 정확을 기하여야 한다. Oven은 On-Off Switch, Timer, Chime 표시 등으로 구성되어 있다.

High : 220℃,　Mid : 180℃,　Low : 140℃

Oven 및 Oven Control Switch

(2) 초기에는 전자파가 발생한다는 이유로 탑재하지 않았으나, 현재의 Microwave Oven의 전자파가 최소화되어 일등석과 이등석의 갤리에 장착되어 사용하고 있다. 무엇보다도 신속히 승객을 응대하는데 커다란 역할을 하고 있는 것이다.

Microwave Oven

## 2) Coffee Maker

모든 Galley에는 Warming Pad, Securing Bar, Hot Water Faucet로 구성되어 있는 Coffee Maker가 설치되어 있으며, On-Off Switch에 의해 작동되고, 작동중임을 알리는 Indicator Light로 Brew중임을 Check 가능하다.

상단에는 Coffee Pack Holder가 있고 Sensor가 있어 Coffee Pot 내부까지만 내려오며 자동적으로 중단되는 System으로 되어 있다.

신 기종에는 Espresso, Cappuchino, Caffe Lattes를 제조하는 특별한 기능의 Coffee Maker도 장착되어 있다.

Coffee Maker

### 3) 냉장고

일부 Galley에는 냉동 · 냉장을 할 수 있는 냉장고가 설치되어 Chilling하는 데 큰 효과를 낸다.

냉장고

### 4) Drain과 Water Faucet

항공기 외부로 오수를 배출시키는 역할을 한다. 그리하여 지상에 있을 때에는 음료수나 뜨거운 물을 버려서는 안되며, 특히 비행 중에 Coffee, Juice 등을 버려서도 안 된다. 우유와 Wine은 서로 상호작용하여 고형화 되어 Drain이 막히게 되니 각별히 주의해야 한다.

Drain에는 순수한 물만 버린다.

Drain

PART 3

### 5) Compartment

모든 Galley에는 음료수나 모든 기용품을 보관하는 장소로 Compartment가 설치되어 있다.

또한 이동 가능한 Carrier Box을 이용하여 식사, 기용품 등을 사용 탑재한다.

### 6) 쓰레기통

모든 Galley에 설치되어 있으며, Cover는 항상 닫혀 있어야 한다. 이제는 유압 압축을 이용한 Trash Compactor 사용으로 제한된 공간의 확보 차원에서 많이 사용하고 있다.

쓰레기통

### 7) Cart

Cart의 용도는 식사, 음료, 기내 판매 서비스 및 기용품 보관에도 사용된다.

Cart의 종류로는 Meal Cart, Beverage Cart, Sales Cart, Serving Cart가 있다.

Meal Cart

Serving Cart

### 8) Circuit Breaker

Circuit Breaker는 Coffee Maker나 Oven 등의 모든 전기 시설 장비가 Galley에 있으므로, 만일 전기의 과부하 현상이 발생하면 Circuit Breaker가 튀어나와 전원 공급을 차단시키는 역할을 한다.

Secret Note

**주의 사항**

- Circuit Breaker를 눌러 전원을 재연결하기 전에 기장에게 연락한다.
- 재연결된 Circuit Breaker는 인지할 수 있도록 표시를 해야 한다.
- Circuit Breaker를 이용한 전원의 재연결은 1회에 한해 가능하다.
- 해당 Circuit Breaker가 다시 튀어나오는 경우 재사용을 금지한다.

Circuit Breaker

## 5. 화장실(Lavatory)

항공기 내 화장실은 대부분 항공사가 동일하였으나, 항공사의 고급화 및 차별화의 일환으로 고객 만족을 위해 크기, Lay-Out, 사용자의 선별 등으로 운영하고 있다.

PART 3

일본항공(Japan Airlines)에서 항공사 중 가장 먼저 여성용 화장품과 여성 취향의 내부 벽지를 설치한 여성 전용 화장실을 운영하고 기타 Baby Diaper 처리용 받침대를 설치한 유아 전용 화장실, 장애인의 출입이 용이하도록 화장실 문의 크기 확대 및 보조 핸들의 장착 등의 내부 시설 변경, 기타 등의 화장실로 차별화 하고 있다.

대한항공은 A300 이상의 중 · 대형기에 여성 전용 화장실을 운영하고 있다.

신기종 B787의 화장실에는 외부의 창문을 설치할 예정이다.

항공기 화장실은 Water Flushing Type과 Air Vacuum Suction Type이 있다.

또한 기내 화재 방지를 위해 연기 감지용(Smoke Detector)이 설치되어 있다.

연기 감지시 고음의 경고음과 동시에 Smoke Detector내 Alarm Indicator Light(Red)가 점등되며, 연기가 소멸될 때까지 지속적으로 점등된다.

Lavatory

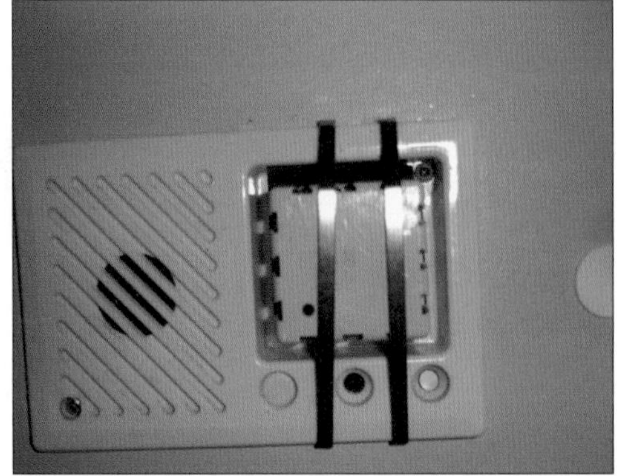

Smoke Detector

## 6. 옷장(Coat Room)

항공기 전 · 후방 및 벽면을 이용하여 별도의 공간으로 설치한 곳으로 고객의 의류 및 휴대 수하물, 그리고 기타 Service 물품을 보관하는 Compartment를 말한다.

Coat Room

## 7. Passenger Service Unit(PSU)

비행 중에 승객이 좌석에 앉아서 이용할 수 있는 일부의 편의 시설로, Reading Light(독서등), 승무원 호출 버튼, 좌석 벨트 및 금연 표시등, Air Ventilation(환기 장치), 내장되어 있는 산소마스크 등이 있으며, 좌석의 팔걸이나 머리 위 선반 속에 장착되어 있다.

Passenger Service Unit

① Volume Control : 음량 조절

② Reading Light Switch : 독서등

③ Channel Selector Button : 채널 선택 버튼

④ Call Button : 승무원 호출 버튼

⑤ Headset Jack : 헤드폰 잭

## 8. Bunk

장거리 비행(보통 10시간 이상)시 승무원이 교대로 Rest할 수 있는 공간으로서, 기종별로 B747 – 400인 경우는 객실 후방 2층에 위치하고 B777이나 A330인 경우는 항공기 중간 하단에 위치하고 있으며 6~8개의 침대로 되어 있다.

A380 Bunk

# Chapter 4

# 기내 서비스

**제1절** 기내 서비스의 개념과 특징

**제2절** 기내 서비스의 구성 요소

**제3절** 안전 및 보안 서비스

# 제4장 기내 서비스

## 제1절 기내 서비스의 개념과 특징

### 1. 기내 서비스 개념

기내 서비스는 비행 중 기내에서 일어나는 모든 무형, 유형의 서비스 전체를 말한다. 고객이 여행의 준비 후 예약 단계 시점에서부터 목적지까지의 중간 과정에서 가장 긴 시간을 만남의 시점으로 항공사의 총체적인 서비스를 나타내는 마지막 단계라 할 수 있다.

해외 여행 자유화 이후 항공기 이용 승객의 계층은 다양해지고, 생활 수준의 향상으로 승객은 더욱 증대하고 있으며, 하나의 교통 수단이 아닌 편안함과 안락함을 절실히 요구하고 있다. 이로 인해 많은 항공사들은 기내 서비스 수준을 높이기 위해 특정적이며 차별화된 고객 만족의 길로 나아가고 있다.

## 2. 기내 서비스 특징

기내 서비스의 특징으로 다음 5가지로 분류한다.

- **대형화의 서비스** : 항공 기내 서비스는 일반적으로 이루어지고 있는 개인에 한정된 것보다는 많은 승객을 대하는 대형화된 형태의 서비스이다.
- **기준의 미설정** : 항공기 객실의 공간, 기내 시설, 서비스 용품의 제공에 획일적이며 특정의 기준 설정이 되어 있지 않다.
- **마케팅 전략 채택** : 현재 철도(KTX), 선박, 항공사 등의 서비스 분야에 마케팅 담당 제도로 운영하며, 이러한 마케팅 노력이 기내 서비스 관리에도 적극 채택하고 있다.
- **직접 경로의 마케팅** : 기내에서 승객에게 직접 전달하는 마케팅의 형태이다.
- **비 이동성의 특성** : 승객을 위해 승객을 찾아가는 것이 아닌, 항공기라는 시설물에서 제공하는 비이동적인 것이다.

PART 4

# 제2절 기내 서비스의 구성 요소

## 1. 승무원의 인적 서비스

인적 서비스는 무형의 상품으로 승객을 출발지에서 목적지까지 즉, Welcome Greeting 인사부터 Farewell 인사까지 제약된 비행시간 속에 다양한 인종, 종교의 차이 및 승객의 사회 · 문화적 환경과 개개인의 기호를 충족시키는 역할을 수행하는 것이 객실 승무원이다.

그러므로 객실 승무원의 필요성을 더욱 더 강조해야 한다. 또한 모든 서비스에 있어서 물적 서비스 보다 인적 서비스가 선행되어야 하는 것은 물론이다.

## 2. 물적 서비스

### 1) 항공기의 인테리어

항공기의 외형은 각 항공사의 이미지와 결부되는 고유의 특색 있는 디자인으로 항공기 외장을 도장하여 사용하고 있다.

하지만, 항공기의 시각적인 외형 이미지와 내부 공간은 승객이 직접 느낄 수 있는 항공사의 기업 이미지 및 관심을 유발하는 중요한 마케팅 전략인 것이다.

국내 항공사의 예를 들면, 대한항공은 창립 15주년을 기점으로 경영 체제를 구축하고, 서비스 도약을 위한 이미지 쇄신의 일환으로 항공사의 Logo 및 명칭을 Korean Airlines에서 Korean Air로 바꾸고 2004년도에 이어 2007년도 내부를 바꾸었다.

아시아나 항공은 국내 후발업체로서 장기적인 경영 정책의 일환으로 한국의 전통미와 서정성을 강조한 Symbol과 한국적 이미지의 색동줄무늬를 돋보이며 한국의 이미지를 표현하다가 2007년에 외장을 변하게 되었다.

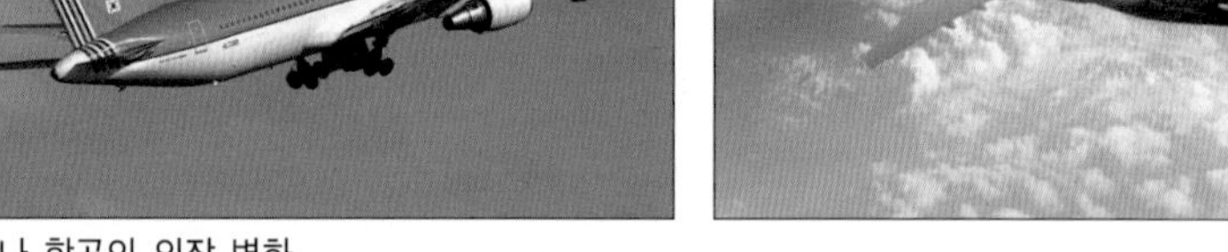

아시아나 항공의 외장 변화

뿐만 아니라 타 항공사에서도 많은 변화를 주면서 승객의 관심을 유발하고, 고객만족을 위해 지속적인 변화를 주고 있다. 일본항공의 경우 도쿄－올랜드 노선에 디즈니월드를 방문하는 어린이 동반 가족을 목표로 하여 Dream Express로 명하는 디즈니 캐릭터가 디자인된 특별기를 투입하여, 가족과 미래의 고객인 어린이에게 항공사의 인상을 심어 주고 있다.

JAL의 Dream Express

American Airlines의 Nude Aircraft



### 2) Food & Beverage 서비스

기내의 식음료는 비행 중 승객에게 제공되는 음식과 음료로, 특히 상위 Class인 경우에는 고급화와 차별화의 관점에서 항공사 전체의 서비스 질을 좌우하는 경향이 있다.

First Class와 Business Class는 고급 호텔 레스토랑 수준의 정통 서양식의 코스별 식음료 서비스로, 최상의 Class에 맞게 Menu, Wine, 음료, 각종 식기류를 고급화와 차별화시켜 제공하고 있다.

음식으로는 일등석 승객을 위한 항공사 특유의 Menu를 선정한 사례로 국내 항공사의 한식[1] 서비스를 꼽을 수 있다. 그리고 취항지의 특성을 살린 양식, 중식, 일식 Menu의 다양한 음식의 제공과 개발을 지속적으로 하고 있다.

그리고 First Class는 승객의 편의를 위해 On-Demand 서비스를 추구하고, Business Class는 Presentation Service로 이루어지고 있으며, First Class의 Semi-Course라고 할 수 있다.

또한 음료도 한국의 전통주, 고급 Wine 선정, 승객 기호에 맞는 Espresso, Cappuccino 등의 제조 커피를 제공한다.

Business Class Meal

### 3) Entertainment

항공기 내에서 Earphone을 통해 좌석에 부착된 채널을 선택하여 음악과 영화를 즐길 수 있으며, B747-200 기종 초창기 때에는, 대충 가로 40cm, 세로 60cm 정도 크기의 Film통을 각 Zone별로 장착되어 있는 Projector에 넣은 후, 각 Crew Station Panel에서 On-Off Switch에 의해 영사기로 방영하던 것이 하나의 Tape으로 전 Cabin에 방영하는 System으로 변경되었다. 이도 더욱 더 발전하여 통합된

1) 한식 메뉴 : 일등석 승객을 위해 계절별로 Cycle화하여 한정식, 궁중요리, 불갈비, 죽, 비빔밥, 비빔국수, 영양쌈밥, 갈비찜, 냉면, 온면, 기타 등의 한식을 다양하게 제공하고 있다.

2) AVOD(Audio & Video On Demand) 서비스 : 개인 좌석에 장착된 모니터를 통해 원하는 Program을 선택하여 감상할 수 있는 첨단 멀티미디어 시스템을 말한다.

Entertainment System으로 기종 및 좌석 등급에 따라 AVOD(Audio & Video On Demand)[2] 서비스를 실시하고 있다.

모든 항공사가 이 System을 이용하고 있다. 대부분 영어, 자국어, 일본어, 취항국의 언어로 제공된다.

항공사별 제공되고 있는 Entertainment

- 호주의 Qantas Airways(QF) : 국내의 유명 연예인을 통해 호주의 통화 단위, 교통 수단, 주요 관광지, 볼거리와 먹거리를 소개하는 프로그램을 제공하고 있다.
- Cathay Pacific Airways(CX) : 영화 프로그램을 8개 국어로 제공하는 다채널 비디오 스크린과 120분 분량의 TV 장착.
- British Airways & Singapore Airlines(BA), (SQ) : 미주노선을 제외한 모든 장거리 국제선 노선 항공기에 전자 Porker, Black Jack, 슬롯머신 등의 종합 오락 게임 시스템을 운영하고 있다.

SQ A340-500 Economy Class의 개인 모니터

B747-400 Business Class의 개인 모니터

## 4) 통신 장비

대부분의 모든 항공사들은 최신 설비인 기내 위성 전화를 장착하여 통신 위성을 이용해 비행 중 언제라도 전 세계 어느 곳이나 전화 통화가 가능하도록 하여 승객의 편의 제공을 하고 있다.

또한 일부 항공사에서는 Fax, Internet, 기내 문자메시지 서비스도 운영하고 있으며, 신규 도입 기종에서 일등석에는 별도의 충전기 없이 개인용 컴퓨터 사용이 가능하도록 좌석내 사용 전원이 설비되어 있다.

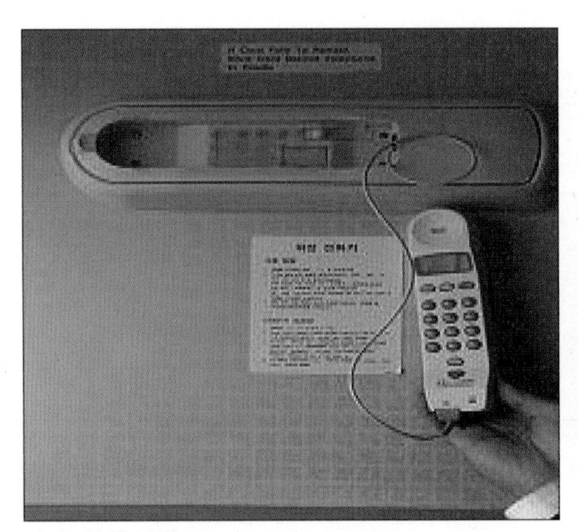

기내 위성 전화

## 5) Air Show

승객의 편안하고 즐거운 여행을 위해 비행중에 항공기 항로의 방향, 현재의 고도, 외부 온도, 출발지와 목적지의 현재 시각, 잔여 시간 등의 운항에 관한 비행 정보를 다양한 언어로 컴퓨터 그래픽 화면을 통해 기내 스크린과 개인 모니터로 볼 수 있게 안내한다. 비상사태 대비 이 · 착륙시는 원위치 한다.

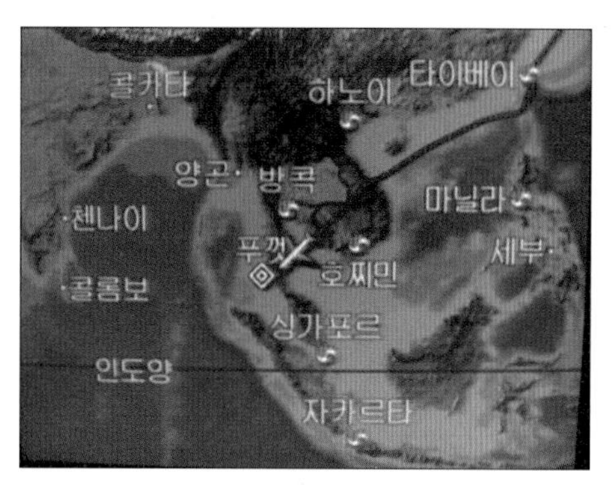


Air Show



## 6) Reading Material

장거리 항공 여행에 제한된 공간 속에 무료함의 해소 방안으로 기내 각종 도서를 탑재하여 승객에게 제공하고 있다. 제공되는 도서로는 항공사별 기내 잡지와 국내

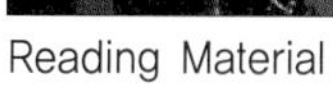

Reading Material

시사지, 주간지, 월간지, 목적지 여행가이드 책, 베스트셀러 위주의 소설, 비소설, 수필집과 어린이를 위한 만화책, 동화책 그리고 외국인을 위한 영어, 일본어 도서를 구비하고 있으며 분기별로 신도서로 교체하고 있다.

근래에는 성우 또는 저자의 음성을 통한 Audio Book 서비스를 AVOD 이용하여 제공되고 있으며, 에미레이트 항공 및 싱가포르 항공, 국내에서는 아시아나 항공이 최초로 이 서비스를 제공하고 있다. 또한 그 컨텐츠의 종류도 다양해지고 있다.

### 7) 어린이, 유아를 위한 Special(SPCL) 서비스

탑승한 어린이나 유아를 위해 다양한 종류의 장난감 등이 선물로 제공되며, 유아를 위해서는 이유식, 젖병, 기저귀 등이 있으며 Bulk Seat을 이용한 유아용 요람(Baby Bassinet)이 제공된다. 또한 화장실 내에는 기저귀를 바꿀 수 있는 Baby Diaper Change Board가 장착, 운영되고 있다.

Baby Diaper Change Board 및 Baby Bassinet

### 8) In-Flight Sales : 기내 면세품 판매

국제선 항공편에서 승객의 편의를 위해 술, 담배, 향수, 화장품 및 각종 선물용품 등 세계 유명 상품을 면세 가격으로 구입할 수 있도록 기내 면세품 판매를 실시하여 항공사 수익에 기여하며, 일부 항공사에서는 사전 주문 제도를 이용, 승객의 편의를 도모하고 있다.

In-Flight Sales 준비 중



## 9) 기타

기내에서 제공할 수 있는 Item으로는 볼펜, 엽서, 편지지 등의 Stationery Set 및 우편물 발송 서비스를 제공하며, 고객제언서(Comment Letter)를 비치하여 승객의 불편 사항이나 서비스 향상을 위한 제안을 접수하여 새로운 서비스에 반영하고 있다.

또한 일반석 증후군(Economy Class Syndrome)[3]에 대비하여, 기내 체조 서비스를 실시하고, 대나무 지압대, 습도 조정을 위한 Water Spray, 안대, 귀마개, Playing Card, Sleeper 및 장기, 바둑 등을 제공하여 승객의 쾌적함을 위해 노력하고 있는 실정이다.

---

3) 일반석 증후군(Economy Class Syndrome) : 주로 좁은 좌석에서 장시간 여행하는 승객에게 발생한다 하여 붙여진 병명으로, 의학적으로는 심정맥혈전증이라고 한다. 이는 오랫동안 앉아 있음으로 다리의 움직임이 없어 혈액 순환이 원활하지 않아, 혈관 내부에 피의 응고 현상이 발생한다. 이로 인한 혈액 순환 장애로는 가슴의 통증, 현기증, 호흡 곤란 등의 현상이 있다. 이는 지상과 달리 항공기 내에는 산소의 농도가 10~20% 정도 낮고 습도는 약 15% 정도 낮기 때문이다.

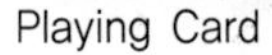

Playing Card

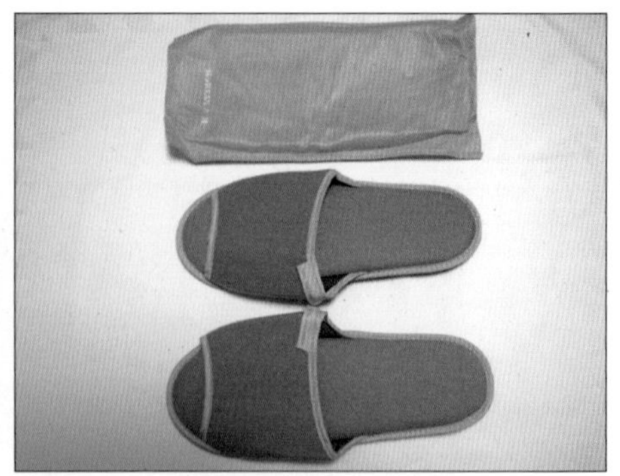

Sleeper

## 제3절 안전 및 보안 서비스

승객에게 출발지의 항공기 탑승부터 목적지 항공기 하기까지 안전하고 편안한 여행을 하도록 안전과 보안에 철저를 기하는 것이 가장 근본적이며 중요한 서비스이다.

일반 장비, 화재 장비, 보안 장비, 의료 장비의 점검 및 확인으로 그 품목은 다음과 같다.

- **일반 장비 및 비상 탈출 장비** : DEMO 용구, Flash Light, Escape Door Slide 및 구명보트, ELT(Emergency Locator Transmitter), Public Address(P.A), Interphone 및 Megaphone 등의 위치 및 상태를 점검한다.
- **화재 장비** : 소화기, Protective Breathing Equipment(PBE)[4], Circuit Breaker, 석면 장갑, 손도끼, Smoke Detector, Smoke Goggle, Smoke Barrier 등
- **의료 장비** : $PO_2$ Bottle, Medical Bag, First Aid Kit. Emergency Medical Kit, Resuscitator Bag, Universal Precaution Kit, Automated External Defibrillator(AED : 자동심실제동기), 자동혈압계, Wheel Chair 등.

---

4) Protective Breathing Equipment : 기내 화재 진압시 연기 및 유독성 가스로부터 호흡 및 안면을 보호하고 시야를 확보하기 위한 목적으로 사용된다.

- **보안 장비** : 비상 벨, 전기충격 총(Taser), 포승줄, 수갑, 방탄조끼, 방폭 담요, 무기 인수인계 대장 등.

## 1. 객실 일반 장비 및 비상 탈출 장비

### 1) Life Vest(구명복)

만약의 사태에 대비하여 비상시 승객이 사용하게 될 비상구의 위치, 좌석 벨트 사용법, 산소마스크 사용 요령, 구명복(Life Vest)[5)]에 대한 사용법을 객실 승무원의 시범이나 Video를 통해 설명한다.

좌석 벨트는 기류 변화시 수시로 안내 방송을 실시한다.



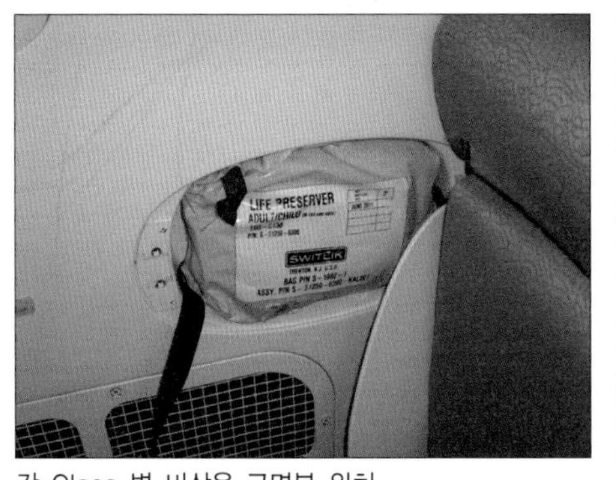


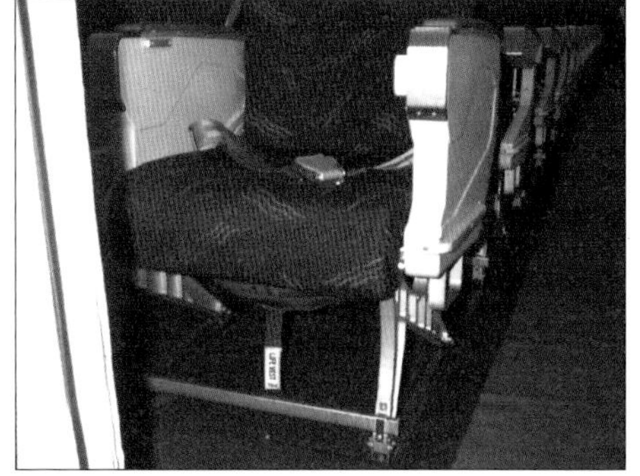

각 Class 별 비상용 구명복 위치

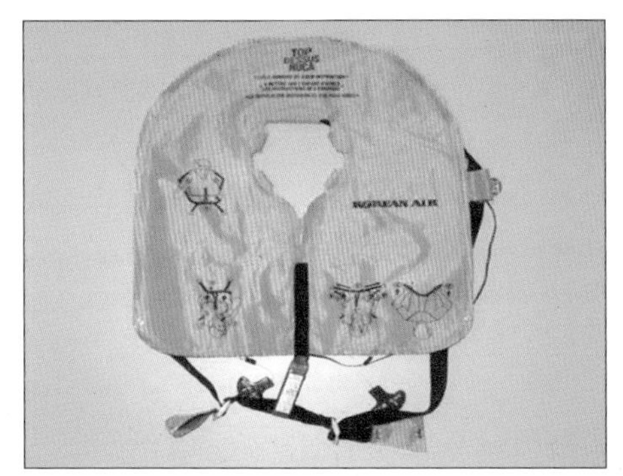


성인용 Life Vest

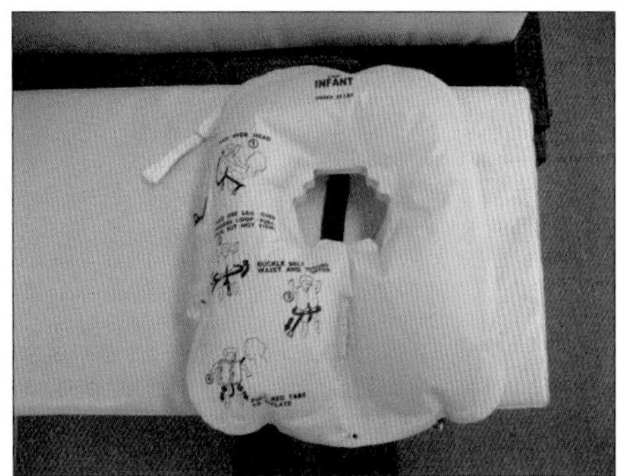


유아용 Life Vest

---

5) 구명복(Life Vest) : 비상 착수시 항공기에서 탈출한 승객이 착용하여 수면에 떠 있게 하기 위해 사용하며 성인용과 유아용 2 종류가 있다.

## 2) Flash Light

비상 사태시 승객을 유도하고 신호를 보내며 야간에 시야를 확보를 위한 용도로 사용되고 있다.

이는 Automatic Type과 Switch Type이 있다.

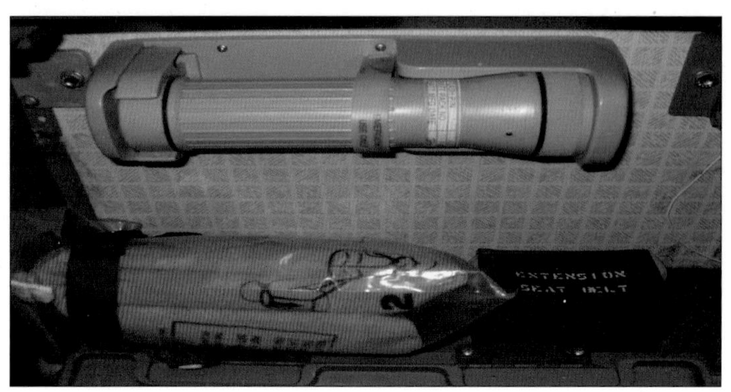

Flash Light

## 3) Escape Door Slide 및 구명보트

비상 착륙시 신속히 탈출하기 위해 사용되는 탈출용 미끄럼대인 Escape Slide를 비롯하여 비상 착수시 50~60명 정도 탑승할 수 있는 구명보트 역할의 Life Raft[6)]

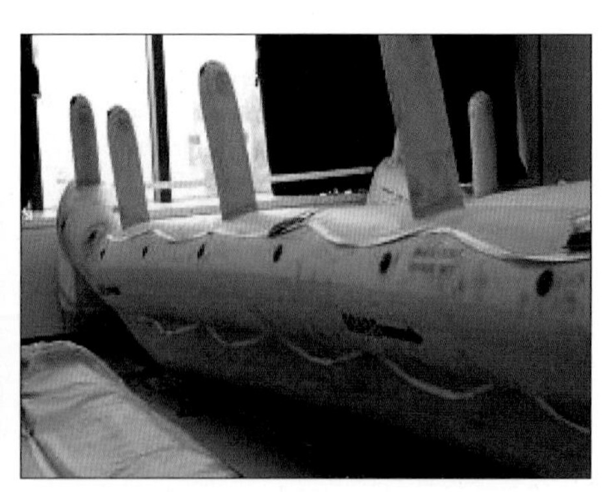

Escape Slide 및 구명보트

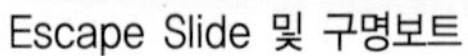

6) Life Raft : 비상 착수시 항공기에서 탈출 후 구명보트 역할을 하는 부양 장비임. 장거리 해상비행(740Km 이상)을 하는 경우 반드시 설치하여야 한다.

가 있다. 모든 신기종은 Slide와 Raft를 분리된 기능을 Slide/Raft 겸용으로 사용할 수 있게 제작되어 있다.

### 4) Emergency Locator Transmitter(ELT)

구조 요청을 위한 전파를 발생하는 장비로서 조난의 위치를 알려준다. 발신되는 전파 신호는  비상 주파수로 민간용과 군용으로 발신되고 있다.

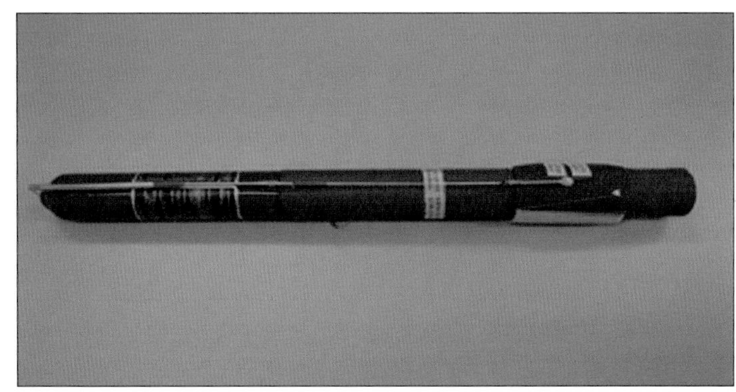

ELT



### 5) Public Address(P. A)

이는 승무원 상호간의 의사전달 수단으로 Interphone과 방송을 각각 독립적으로 병행하여 사용할 수 있게 되어 있다.

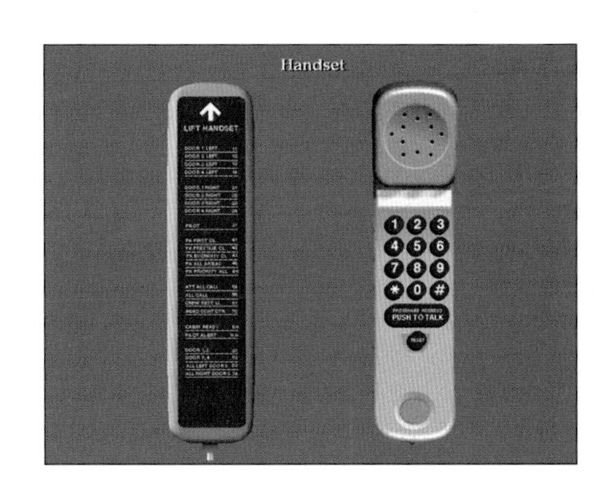


전화기 상태로 조종석과 각 승무원의 좌석, Galley, Bunker 등에 모두 비치되어 있다.

통화 및 방송을 위해서는 고유의 호출 번호로서 사용할 수 있다.

### 6) Megaphone

비상 탈출시 또는 비상 탈출 후에 탈출 지휘를 하거나 정보 제공을 위해 사용된다.

Megaphone

## 2. 객실 화재 장비

비행 중 화재 발생이나 비상 사태시 화재를 대비하여 화재 상황에 맞는 각종 소화기가 항공기 내에 장착되어 있다.

### 1) 소화기

비행 중이나 비상 사태시, 화재 발생에 대비하여 화재 상황에 맞도록 사용할 수 있는 각종 소화기가 비치되어 있다.

**(1) $H_2O$ 소화기**

객실 내에는 의류, 종이 등의 일반 화재에 맞는 Type으로 물 소화기

**(2) Halon 소화기**

기름, 전기, 전자 장비의 모든 화재에 사용하는 Type의 소화기

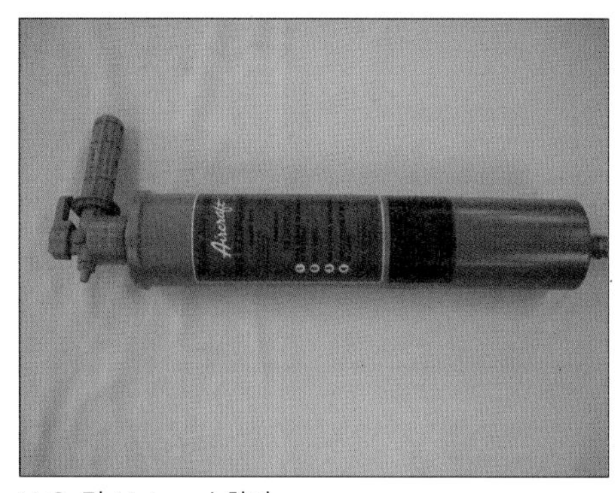
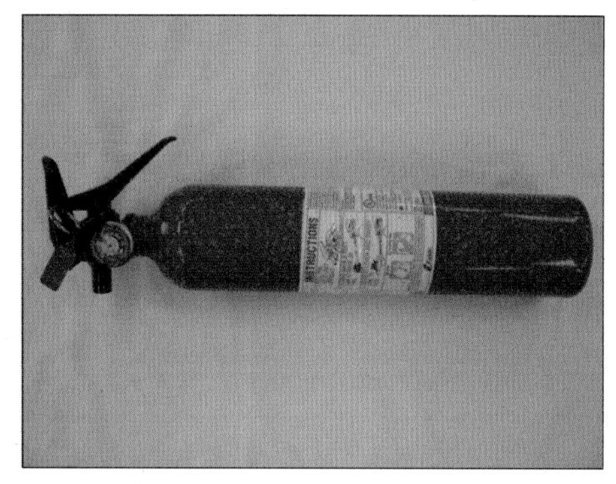

$H_2O$ 및 Halon 소화기

### (3) 열 감지형 소화기

화장실 휴지통 내부에 화재시 자동 진화할 수 있는 소화기

**화재 상황** : A 화재 : 의류, 종이 등에서 발생한 화재
B 화재 : 기름에 의해서 발생한 화재
C 화재 : 전기, 전자 장비에 의해서 발생한 화재

PART 4

## 2) Protective Breathing Equipment(PBE)

기내 화재 진압시에 연기나 유독 가스로부터 원활한 호흡과 안면을 보호하며 시야를 확보하기 위해 사용한다.

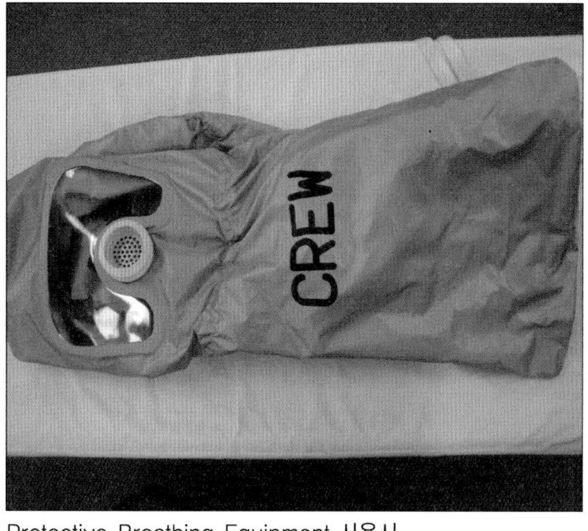


Protective Breathing Equipment 사용시

### 3) Circuit Breaker

### 4) 석면 장갑

화재 진압시 뜨거운 물체를 집어야 하는 경우 사용토록 되어 있으나, Cockpit 내에 있다.

### 5) 손도끼, Smoke Detector, Smoke Goggle, Smoke Barrier 등

각종 Panel 또는 접근이 불가능한 객실 구조물 내부에서 화재 발생시에 화재 진압에 방해가 되는 경우 장애물 제거용으로 사용한다. 손도끼는 Cockpit 내에 보관한다.

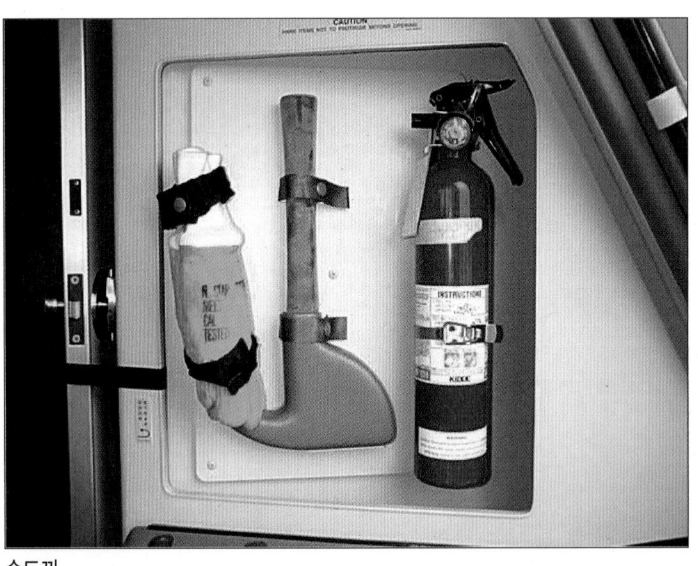

손도끼

## 3. 객실 의료 장비

기내에서 갑작스러운 환자 발생에 대비하여 다음과 같은 의료 장비가 탑재되고 있다.

## 1) Portable Oxygen Bottle($PO_2$ BTL)

항공기의 비상 감압 대비의 비상 사태시 승무원은 휴대용 산소통을 휴대하고 승객의 안전 상태 확인 및 환자의 응급 처치를 목적으로 승객에게 산소를 공급하기 위해 탑재되고 있다.

### 산소통 취급시 주의 사항

- 기름 등과 같은 물질이 접촉하지 않도록 한다.
- 화기를 멀리하여야 한다.
- 떨어지지 않도록 조심스럽게 다룬다.
- 비상시를 대비하여 완전히 사용치 않고 500 PSI(Pound Per Square Inch) 정도는 남겨둔다.

$PO_2$(Portable Oxygen Bottle)

### 2) Medical Bag

비행 중 사용 빈도가 높은 의약품으로, 필요시 승객에게 신속히 제공하기 위해 지정된 승무원이 항상 휴대하여야 하며, 내용은 소화제, 두통약, 진통제, 지사제, 일회용 반창고 등의 간단한 구급 상비약이 들어 있다.

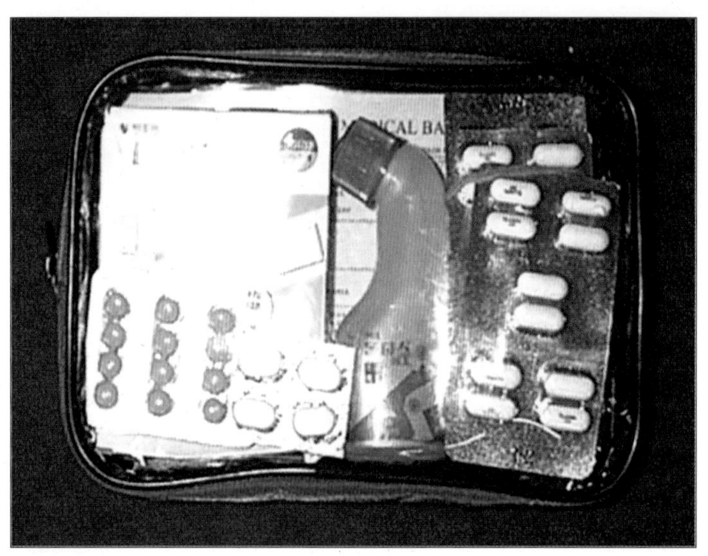

간단한 구급 상비 약

### 3) First Aid Kit(FAK) : 구급 의료함

이는 항공법에 의해 탑재토록 규정되어 있으며, 비행 중 응급 상황에 처한 승객의 사고 및 질병을 응급 처치하기 위해 의사 처방 없이 사용 가능하다. 단 일부 의약품은 제외한다.

또한 FAK의 Seal이 뜯어져 있는 경우는 Kit로 간주하지 않아, 비행 전 승무원의 점검이 필요하다.

미연방 항공국 규정에 의해 승객의 수에 따라 탑재량이 정해져 있다.

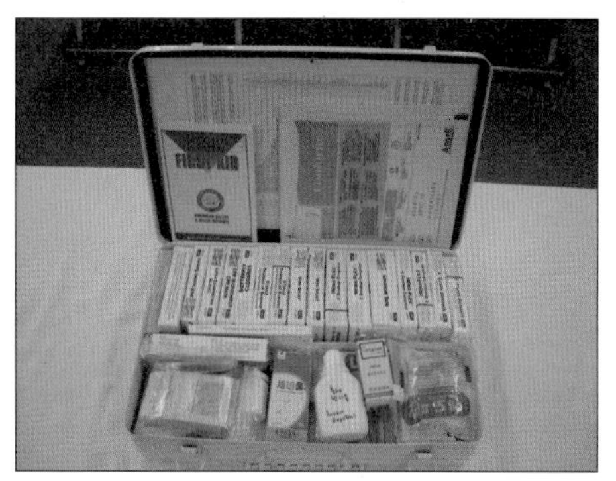

First Aid Kit

### 4) Emergency Medical Kit(EMK) : 비상 의료함



비행 중 응급 환자 발생시 전문적인 치료를 하기 위한 의료품과 의료 기구를 보관한 Kit이다. 이것은 반드시 의사 면허를 소지한 자가 사용할 수 있으며, 이는 Cockpit 내에 보관하고, 출발 편에서의 사용에 대비하여 왕복 기준으로 2개가 탑재되고 있다. 이는 Banyan Kit라고도 한다.

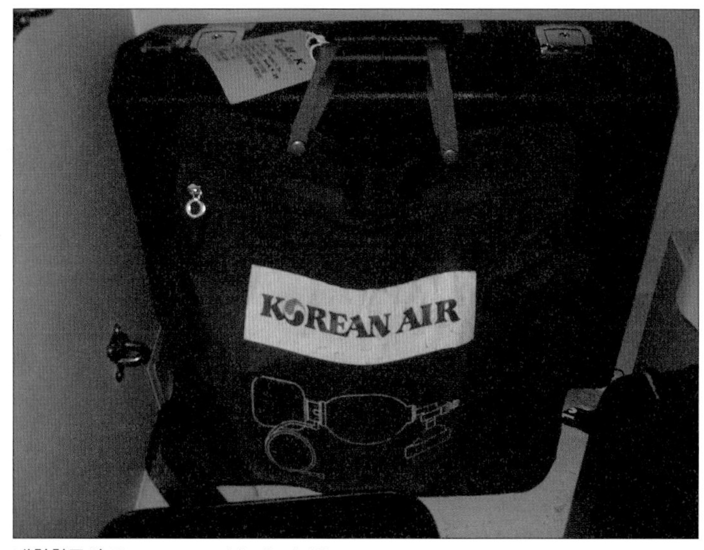


대한항공의 Emergency Medical Kit

## 5) Automated External Defibrillator(AED) : 자동심실세동기

현재 1980년대부터 모든 항공사에서 심실 세동으로 인하여 심장 박동이 정지된 환자 발생에 대비하여 즉각적인 대처를 위해 자동심실세동기를 의무적으로 탑재하고 있다. 이는 반드시 교육을 이수한 자만이 사용이 가능하도록 규정되어 있다.

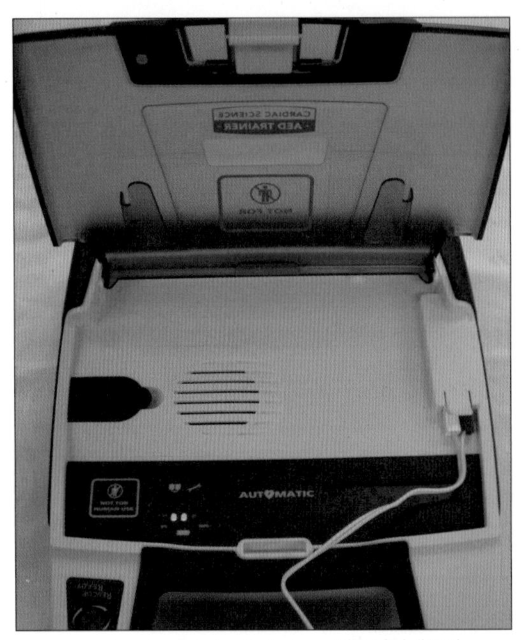

Automated External Defibrillator : 자동심실세동기

최근 미국에서는 공항, 역, 학교 등의 공공 시설에서는 이 장비의 설치가 법제화 되어 있다.

또한 우리나라에서도 2008년 6월부터는 응급 의료에 관한 법률 개정안 시행으로 공공의료 보건기관, 구급차, 공항, 여객 항공기, 철도 차량의 객차, 총 20톤 이상의 선박 및 다중 이용 시설에는 심폐소생을 위해 반드시 자동심실세동기와 같은 응급 처치 장비를 의무적으로 갖추어야 한다.

## 6) Universal Precaution Kit(UPK)

- Resuscitator Bag 내에 탑재되어 있다.
- 환자의 체액이나 혈액을 직접 접촉함으로써 발생할 수 있는 오염 가능성을 줄이기 위하여 사용된다.
- 환자의 체액이나 혈액에 의해서 오염된 장비 및 설비를 보관 후 안전하게 폐기하기 위하여 사용된다.
- 객실 내에 위험물이 발견되어 비상 처리 절차를 수행할 경우, 오염물 처리용 Bag, 외과 처치용 장갑 등을 이용해서 처리한다.

- 내용물로는 장갑, 오염물 처리 Bag, 알코올 스펀지, 보호 가운, 마스크, 사용서 등이 있다.

### 7) Resuscitator Bag

- 인공 호흡 실시시 사용하는 보조 기구로서 환자의 호흡을 유도하고, 산소를 추가적으로 공급하기 위해 사용된다.
- 청진기, 탈지면, 얼음주머니, 혈압계, 압박붕대, 체온계 등이 있다.

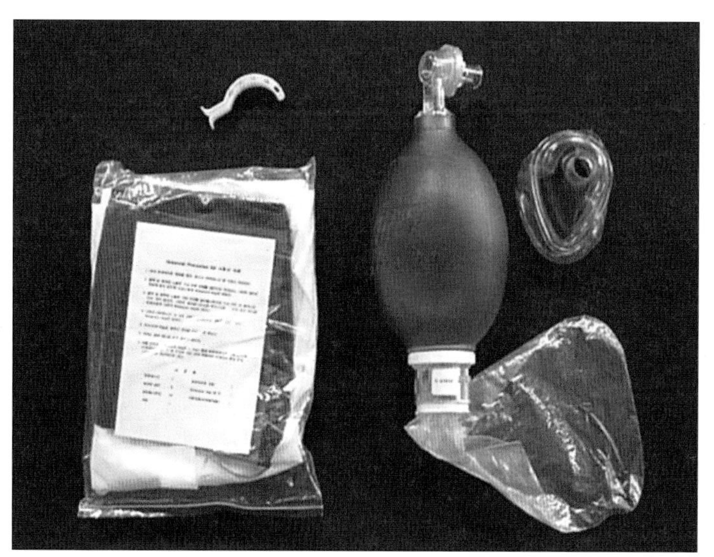

Resuscitator Bag과 Universal Precaution Kit

### 8) Wheel Chair

국내 항공사는 좁은 Aisle에서 사용할 수 있는 접이식의 Wheel Chair를 기내에 탑재하여, 승객의 활동성과 화장실 사용 등의 기내에서의 이동을 원활하게 하여 좋은 호응을 받고 있다.

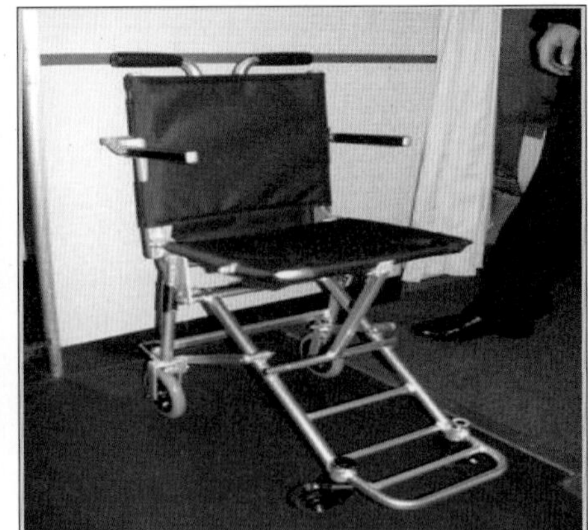

대한항공의 접이식의 Wheel Chair

## 4. 객실 보안 장비

항공기 안전 운항에 위해가 되는 기내 난동 승객 처리 및 항공기 Hijacking에 대응하기 위해 기내에 탑재 운영하는데, 항공사별로 약간의 차이는 있으나 보안 장비로는 전자 충격총(Taser), 방폭 담요, 방탄조끼, 타이 랩(Tie-Wrap), 포승줄 및 비상벨 등을 보유하고 있다.

또한 조종석 출입 절차 강화 차원에서 조종석 내부에서 외부 출입을 규제하기 위해 출입문 근처를 살필 수 있는 조망경(View Finder) 및 출입문에 코드화된 Pad Lock 잠금 장치가 장착되어 있다. 그 외에도 객실 승무원은 조종석과 사전에 정해진 절차를 통한 후에야 출입문 개방이 규정화 되어 있다.

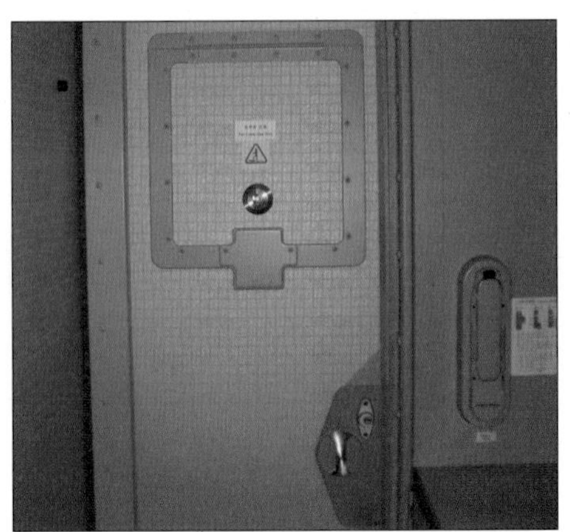

전자충격총(Taser) 및 조망경

# Chapter 5

# 항공기의 식음료

1999
1999

제5장

# 항공기의 식음료

## 제1절 항공기내 식음료

항공 기내식이란 비행 중에 승객에게 제공되는 음식물로, 다수에게 기내식을 충족시키기 위해 탑재 공간을 최소화하여 항공사 고유의 기물을 이용하여 Galley에 탑재하고 있으며, 객실 승무원이 승객에게 제공하는 기내 식음료가 항공사 서비스 품질 평가에 있어 큰 비중을 차지하고 있다. 따라서 항공사마다 서비스의 차별화를 위하여 다양한 Menu 개발과 품질 향상에 노력하고 있다.

### 1. 항공 기내식의 역사

1919년 8월에 LON-PAR 구간의 기내에서 종이 상자에 샌드위치, 과일, 초콜릿 등을 담아 서비스 한 것이 기내식의 시초가 되었다. 항공기가 대형화되기 이전의 초창기에는 중간 기착지의 공항에서 식사를 제공하였다. 현재 기내식 서비스는 항공사의 서비스 경쟁 체재로, 기내식의 맛을 느끼는 차별화, 고급화 전략으로 고객 유치에 주력하고 있다.

## 2. 항공 기내식의 분류

### 1) 비행 시간에 따른 분류

항공기의 기내식은 비행 소요 시간에 따라 Hot Meal과 Cold Meal로 구분한다.

Hot Meal은 예정 비행 시간[1]이 2시간 이상으로 Meal의 내용물을 재가열하여 Heating하는 상태로 서비스 하는 것

Cold Meal은 예정 비행시간이 2시간 미만으로 재가열하지 않은 상태로 서비스 하는 것

### 2) 서비스 시간에 따른 분류

항공기의 기내식은 출발지의 현지 시간을 기준으로 한다.

식사의 Menu나 탑재 비율은 해당 노선의 특성[2]에 근거하여 구성한다.

- Breakfast : 05:00~09:00
- Brunch : 09:00~11:00
- Lunch : 11:00~14:00
- Diner : 14:00~22:00
- Supper : 22:00~01:00
- Snack(SNX), Refreshment : 14:00~16:00, 01:00~05:00

### 3) 사전 주문에 따른 분류

항공기의 기내식은 승객의 사전 주문 여부에 따라 일반식(Normal Meal)과 특별

1) 예정 비행 소요 시간에 따른 식사 제공 횟수
- 예정 비행 소요 시간 6시간 이내 : 1회 제공
- 예정 비행 소요 시간 6시간 이상 : 2회 제공
- 예정 비행 소요 시간 12시간 이상 : 3회 제공

2) 노선의 특성 : 비행 소요 시간, 승객의 국적 분포, 선호도를 파악하여 식사의 Menu나 탑재 비율을 조정하여 탑재한다.

PART 5

식(Special Meal)으로 구분한다.

- 일반식(Normal Meal) : 비행 전 아무런 사전 주문없이 탑승한 모든 승객에게 제공되는 식사
- 특별식(Special Meal) : 승객 개개인이 본인의 건강상의 이유, 종교의 이유, 개인의 기호, 연령적 제한을 이유로, 최소 출발 24시간 전에 주문하여 기내 탑재되어 제공되는 식사

## 4) 좌석 등급에 따른 분류

### (1) First Class Meal

일등석의 식사는 격조 높은 최고급 호텔 수준의 정통 서양식 코스의 서비스를 기준으로 하며, 승객 욕구 충족을 위해 Meal Choice도 4가지 이상으로 선택의 폭을 넓히고 있다. 또한 최상의 Class에 맞게 Menu, Wine, 음료, 각종 식기류, 기물 등을 고급화, 차별화하여 서비스한다.

대표적으로 일등석 승객을 위한 항공사 특유의 Menu로 선정된 국내 항공사의 한식 서비스[3]는 서비스 이미지 제고에 큰 역할을 하고 있다.

First Class는 대부분의 항공사가 승객의 편의를 위해 On-Demand 서비스[4]를 추구하며, 취항지의 특성을 살린 양식, 중식, 일식 Menu의 다양한 음식 제공과 개발을 지속적으로 하고 있다.

### (2) Business Meal

일등석과 일반석의 혼합적인 Semi-Course Service로 Presentation Service가 이루어지고 있다.

Meal Choice도 3가지 이상으로 선택의 폭을 넓히고 있다.

---

3) 한식 메뉴 : 일등석 승객을 위해 계절별로 Cycle 화하여 한정식, 궁중요리, 불갈비, 죽, 비빔밥, 갈비찜, 냉면, 온면, 기타 등의 한식을 다양하게 제공하고 있다.

4) On-Demand 서비스 : 승객의 취식 시간대와 개인 취향, 신체 리듬에 따라 승객이 원하는 시간대에 개별적으로 식사를 서비스하는 방법이다.

Presentation Service



**(3) Economy Class Meal**

모든 항공사들이 전 Class에서 서양식을 기본으로 하여 승객들에게 서비스를 하고 있다.

일반 기내식의 서비스 스타일은 하나의 Tray에 서양 Dinner Course를 적절히 Setting한 것이다.

국내 항공사는 물론 한국에 취항하고 있는 많은 외국 항공사에서도 한식을 서비스하고 있다.

Meal Choice는 2가지 중 선택하도록 하며, 이는 모든 항공사에서 시행되고 있다.

Economy Class Meal Choice는 싱가폴 항공사가 제일 먼저 시작하여 많은 호응을 받게 되었다.

### 3. 항공 기내식의 변경

모든 항공사들은 승객의 선호도나 계절 등 여러 가지 여건을 고려하여 Menu를 선정하며, 주기적으로 변경하고 있다.

일 년에 반기별로 하여 4월에는 여름철 Menu, 11월에는 겨울철 Menu를 선정하여 교체하고 있는 반면, 대한항공의 경우에는 사이클 Menu[5] 변경 방식을 채택하고 있다.

## 제2절 항공 기내식의 이해

### 1. 기내 서비스의 원칙

- 식음료는 뜨거운 것은 뜨겁게, 차가운 것은 차갑게 서비스 한다.
- 음료 서비스시 반드시 Cocktail Napkin을 사용한다.
- 음료 Cart 서비스를 제외하고는 Tray를 사용한다.
- 승객 정면에서 왼쪽 승객은 왼손으로, 오른쪽 승객은 오른쪽으로 서비스하는 것이 원칙이다.
- 서비스는 창측, 여성 승객, 어린이 동반 승객, 노인 승객, 일반 승객 순으로 한다.
- 회수시에는 회수 및 Refill 여부를 확인하며 회수한다.
- 서비스시나 회수시에는 반드시 대화를 한다.
- 모든 서비스시 승객의 머리 위로 지나가서는 안 된다.

5) Cycle Menu : 1, 2월은 'A', 3, 4월은 'B', 5, 6월은 'C'의 순서로 변경하고, 승객의 분포도, 선호도 기타 여건을 고려하여 새로운 Menu를 가지고 Presentation하여 결정한다.

## 2. 기물 취급 요령

### 1) Cart

Cart는 식사, 음료, 기내 판매 서비스 및 기용품 보관에도 사용된다. Cart의 종류로는 Meal Cart, Beverage Cart, Sales Cart, Serving Cart가 있다.

Secret Note

**취급요령**

- 문을 여닫을 때 Locking 고리를 이용한다,
- Cart 고정시 반드시 페달의 고정 장치를 이용한다.
- Cart 이동시에는 체중을 싣지 않고 안정감 있게 두 손을 이용하여 조심스럽게 다룬다.
- Cart내 물건을 꺼내거나 넣을 때에는 올바른 자세를 유지하여 허리에 무리가 가지 않도록 한다.
- 사용 전 · 후에 Aisle이나 Door 옆에 방치하지 않는다.

Locking 고리 및 페달의 고정 장치

### 2) Tray

보통 Large Tray와 Small Tray의 두 종류가 있다. 그 외 일등석의 Basic Tray와 Silver Tray가 있다.

**취급요령**

- 사용 전에 서비스 용품의 미끄러움을 방지하기 위해 Tray Mat를 깐다.
- Tray를 잡을 때에는 안정감 있게 긴 쪽이 통로와 평행이 되도록 하여야 한다.
- 제공된 용품 회수시에는 사용자 몸쪽으로부터 놓는다.

EY/CL Tray

FR/CL Silver Tray

### 3) Basket

Bread Basket, Towel Basket이 있다.

Secret Note
**취급요령**

- 위의 Basket은 반드시 Tong과 함께 사용하여야 한다.
- 서비스 중 Tong을 사용하지 않을 때에는 Tong을 Basket 아래에 둔다.
- 바닥에 놓지 않는다.

Ice Tong

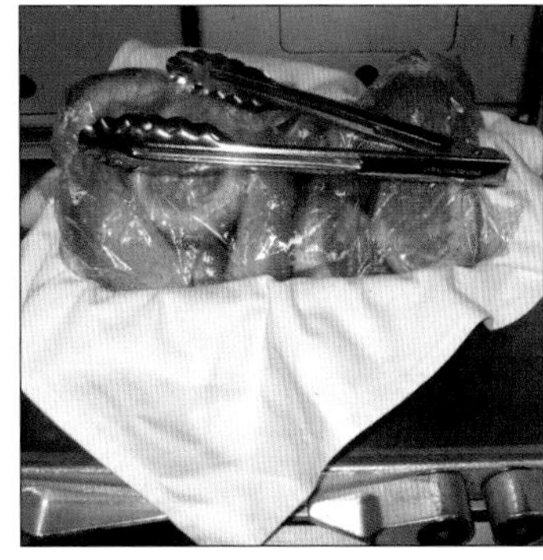
Bread Tong

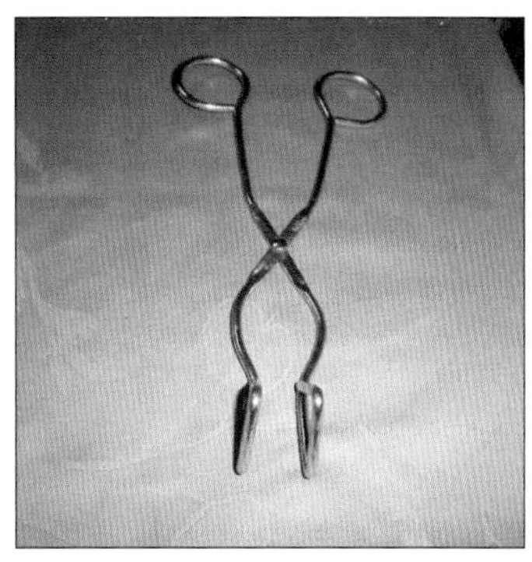
Towel Tong

PART 5

### 4) Cup

항공기 내의 Cup은 Plastic Cup과 Paper Cup이 있으며 상위 Class는 유리 Cup을 사용하고 있다.

Plastic Cup은 주로 Cold Beverage 및 Water 서비스용으로 사용되며, 8oz의 Paper Cup은 Hot Beverage에 3oz의 Paper Cup은 화장실 내에 비치하고 있다.

Secret Note
**취급요령**

- Logo가 있을 때에는 반드시 Logo가 승객의 정면에 오도록 서비스 한다.
- 반드시 입이 닿는 컵의 윗부분에 손을 대어서는 안 된다.

## 5) Cutlery

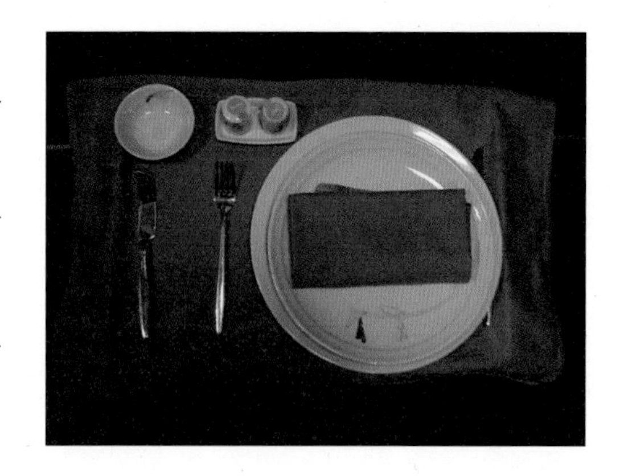

- Fork, Knife는 반드시 목 부분을 잡는다.
- 개별로 서비스 할 때 Knife의 날은 안쪽을 향하게 놓는다.
- Fork는 왼쪽, Knife는 오른쪽은 서양식의 기본 Setting이다.

## 6) Linen

- 청결한 상태를 항상 유지하고 구김이 가지 않도록 한다.
- 사용한 것은 제위치에 보관하여 중간 기착지에서 하기되어 Cleaning할 수 있도록 한다.

## 7) 기타 기물

- Ice Bucket
- Ice Scoop
- Ice Pick
- Pot
- Muddler Shelf
- Wine Basket
- 석면 장갑

Ice Bucket

Ice Scoop

Muddler Shelf

Coffee Pot

Wine Basket

Linen



## 제3절 기내식의 구성과 종류

### 1. 일반 기내식의 특성과 구성

모든 항공사들은 전 Class에서 서양식 위주로 본래의 특성을 살려 승객들에게 서비스를 하고 있다. 일반 기내식의 Tray는 서양 Dinner Course를 하나의 Tray에 적절히 Setting한 것이다.

## 2. 특별식(Special Meal)

일반적인 기내식과는 달리 승객 개개인의 건강상의 이유, 종교의 이유, 개인의 기호에 따라 승객으로부터 특별한 요구를 받아 기내에 탑재되는 기내식으로, 최소 출발 24시간 전에 특별 기내식을 주문함을 원칙으로 하고 있다. 생일, 결혼, X-Mas, 각종 기념일의 경축을 요하는 때에도 Cake 등을 탑재하고 있으며, 이는 항공기 출발 72시간 전에 Order하여야 한다.

### 1) 종교식

**(1) Hind Meal(HNML)**

힌두교도를 위한 기내식으로 주로 인도인들이 주문을 하며, 소고기를 먹지 않고 조리시에 Beef, Veal 및 Pork의 사용을 금한다.

**(2) Moslem Meal(MOML)**

이슬람교도를 위한 기내식으로 중동 지역, 일부 인도네시아나 말레이시아인이 주문을 하며 조리시에는 돼지고기와 알코올 사용을 금한다.

**(3) Kosher Meal(KSML)**

유대 정교 신봉자를 위한 식사로 율법에 따라 조리시 닭고기나 생선을 주로 사용하며, 소고기나 양고기는 기도를 올린 것에 한하며, 돼지고기, 조개류, 갑각류 등을 사용하지 않는다. 또한 빵 대신 'Matzo' 라는 건빵과 같은 것이 쓰인다.

또한 식사 서비스시에는 포장된 Box를 반드시 승객 앞에서 동의를 얻고 개봉하여야 하며 조리 시간을 문의하고 Heating하도록 한다.

**(4) 채식(VGML)**

① 동양 채식(Asian Vegetarian Meal) AVML : 종교상의 계율이나 육류를 기피하는 채식주의자를 위한 기내식으로, 일부 인도인이나 승려들이 대부

분을 차지한다. 그러나 요즈음 건강을 이유로 Order하는 경우가 많다. 유제품 사용은 가능하나 계란은 사용하지 않는다.

② **서양 채식(Western Vegetarian Meal)** : 동양 채식과 비슷하나 유제품과 계란의 사용이 가능하다.

③ **완전 채식(Strict Vegetarian Meal)** : 동물성 음식물을 엄격히 배제한 채식주의자를 위한 식사로 육류, 계란, 우유, 버터 등의 사용을 금한다. 근간 다이어트를 이유로 주문하는 경우가 상당수 있다.

## 2) 건강식

### (1) 유아식(Baby Meal) : BBML

생후 9개월에서 만 2살 미만의 유아에게 제공되며, Juice류, 이유식이 탑재되나 아기들이 먹고 있는 이유식 여부를 반드시 확인한다.

기타 Baby 용품(젖병, 우유, 기저귀 등)이 탑재되고 있다.

### (2) 아동식(CHILD MEAL) : CHML

만 2세 이상 12세 미만의 어린이에게 제공되며 어린이들이 좋아하는 Hamburger, Chicken Nugget, Pizza, Crepe, Spaghetti, Sandwich 및 김밥, 자장면, 만두 등을 제공하고 있다.

### (3) 당뇨식(DIABETIC MEAL) : DBML

당뇨병 환자를 위한 음식으로 조리시 '당'이 포함된 설탕, 꿀 등의 사용을 금한다.

### (4) 무 자극식(Soft Blend Diet Meal) : SBDT

위염, 위궤양 환자에게 제공되는 무자극성 음식을 말한다.

**(5) 저 열량식(Low Calorie Meal) : LCML**

열량이 높지 않아 비만, Diet를 원하는 승객에게 제공한다.

**(6) Low Cholesterol/Low Fat Meal : LFML**

저지방, 저콜레스테롤, 동맥경화, 심장질환자, 성인병 환자에게 제공하며 지방이 포함된 Butter, 기름을 제거하지 않은 육류의 사용은 금한다.

**(7) 과일식(Fresh Fruit Meal)**

알레르기 체질용 음식으로 미용 및 건강용으로도 Order한다.

기타 여러 가지가 있으나 가장 많이 기내에서 주문되고 있는 것을 열거하였다.

### 3) 기타(축하 Cake)

Honey Moon Cake, Birthday Cake, Anniversary Cake 등이 있다.

# Chapter 6

# 서양 식음료

# 제6장 서양 식음료

## 제1절 서양식의 Manner

### 1. 서양식의 특성

한식은 한상 차림의 공간 전개형 식단인 반면에 서양식은 Course로 시간 계열형 식단이다.

### 2. 서양식의 종류

- Table d' hote(따블 도트) : 프랑스식의 Full Course로 Course별로 구성되어 있으며 Set Menu로 주문하기가 용이하며, 조리 방법이 중복되지 않는다.
- A LA CARTE(알라 가트) : 일품 요리로 짜여진 Menu가 아닌 본인이 선호하는 것만을 주문하는 것만을 제공하는 것을 말한다.
- Buffet : Display 되어 있는 음식을 Choice해서 먹는 'Self Service' 형식의 식사를 말한다.

- Special Menu : 매일 주방장이 추천하는 Menu로, 가격은 합리적이며 Menu를 이해하지 못할 때에도 무난히 Order할 수 있으며, 이를 'Daily Menu' 또는 'Today Special' 이라고 칭한다.

## 3. 일반적인 서양식의 매너

서양식에서는 무엇보다도 Manner에 각별히 주의해야 한다. 그들은 먹는 행위가 '배불리는 행위' 가 아니라, 매너가 요구되는 '문화 행위' 라는 인식이 전제되어 있기 때문이다.

### 1) 서양식의 5대 테이블 기본 자세

#### (1) 소리에 조심하라

식사시에 먹는 소리, 마시는 소리, 스푼, 나이프, 접시 부딪히는 소리 등을 내어서는 안 된다.

#### (2) 긴장을 하지마라

식사는 즐겁게 하는 것이므로 표정이 굳어지면 전체 분위기의 저해 요인이 된다.

#### (3) 자세를 바르게 하라

의자 등받이에 기대거나, 다리를 꼬거나, 테이블에 양 팔꿈치를 올려놓는 자세는 모든 사람에게 불쾌감을 유발하니 주의해야 한다.

#### (4) 이야기 하면서 식사하라

우리 문화는 조용히 식사를 하지만, 서양식은 즐거운 화제로 이야기를 하면서 식사한다.

단, 입 안에 음식이 있을 때는 다 삼킨 후 이야기 한다.

**(5) 식기는 자기가 움직이지 마라**

Course별 요리임을 감안, 내가 먹기 편하다고 식기를 마음대로 움직이면 다음 요리 서비스에 지장을 초래하므로 처음 제공된 위치에 그대로 둔다.

### 2) 레스토랑에서의 매너

**(1) 사전에 예약을 하는 것이 중요하다. 예약시에는 다음과 같은 사항을 준수한다**

- 성명, 일시, 참석자 수
- 시간, 목적
- 협의된 음식
- 변경시 미리 연락

**(2) Time, Place, Occasion에 맞는 복장 매너를 준수한다**

- 고급 레스토랑에서는 반드시 정장을 원칙으로 하며, 모자는 벗고 음식의 맛과 향을 즐기기 위해서는 화려한 복장 및 진한 향수의 사용을 피한다.

**(3) 종업원의 안내를 받아야 한다**

- 종업원이 안내하는 좌석에 착석하며, 상석[1] 지정에 지나친 사양은 금물

**(4) 여성이 착석할 때까지 남성이 도와준다**

- 자기 좌석에 먼저 앉는 것은 실례이며, 여성에게 좌석을 빼어 주고 연장자, 윗사람, 여성이 착석 후 앉는다.

---

1) 상석과 말석

- 상석 : – 웨이터가 제일 먼저 안내하여 빼어 주는 자리
  - 입구에서 멀고 벽을 등진 곳
  - 창가나 식당 내부가 잘 보이고 전망이 좋은 곳
- 말석 : – 통로, 벽, 출입구를 바라보는 곳이나 가까운 곳

#### (5) 착석시 테이블과의 간격

- 테이블과는 주먹 2개 정도의 간격이 이상적이며, 너무 상체를 움직이면 Serving하기 어려우므로 움직이는 범위는 70cm 정도가 가장 이상적이다.

#### (6) Napkin 사용법

- 펴지 않은 상태로 무릎으로 가져와 전원이 착석한 후 모두 조용히 편다.
- 식사 중 이동시에는 의자 위에 둔다.
- Napkin은 닦는 것이 아니고 살짝 누르는 것이다.
- 전체를 펴는 것이 아니고 두겹으로 하여 접힌 반을 자기쪽으로 오게 한다.
- 식사 후 다시 접어 식탁에 놓지 않는다.

#### (7) Menu 보는 법

- 메뉴는 첫 Page만 보고 주문하지 말고 천천히 보고, 여성이 먼저 주문토록 유도한다.
- 본인이 알고 있는 요리가 없을 수 있으며, 초대시 최고가와 최저가를 제외하고 가격대 선정에 유의하라.
- 음식에 대해 모를 때에는 웨이터에게 물어 보거나, 상대방에게 추천을 부탁한다(Today's special를 주문하는 것도 좋다).
- 비즈니스 식사시에는 먹기 불편한 음식은 피하라.

#### (8) 소지품

- 여성 핸드백은 등 받침에 걸어두고 기타 용품은 Clock Room을 활용하라.

### 3) Table에서 고쳐야 할 Manner

- 주문 후 기다리는 동안 식탁에서 담배를 피운다.
- 웨이터를 부를 때 손뼉이나 큰 소리로 부른다.
- 입에 음식을 넣은 채 말을 하거나 음료수를 마신다.

PART 6

- 국, 국수 및 Soup을 먹을 때 소리를 낸다.
- 옆 사람에게 부탁하기보다는 식탁을 가로질러 소금, 후추 등을 가져온다.
- 음식의 간을 보기 전에 무조건 소금, 후추 등을 넣는다.
- 식사 후 소리 내며 입을 가시며, Tooth Pick을 공공연히 사용한다.
- 상대방의 취향도 묻지 않고 Coffee에 Sugar, Cream을 넣어준다.
- 식사를 먼저 끝내며 빨리 자리를 뜨려고 한다.

## 제2절 서양식의 구성 및 Manner

### 1. 서양식의 구성

| | | |
|---|---|---|
| - (APERITIF) | APERITIF | (아뻬리티프) |
| - APPETIZER | HORS D' OEUVRE | (오르 되브르) |
| - SOUP | POTAGE | (뽀따쥬) |
| - FISH | POISSON | (뿌아송) |
| - SHERBET | SORBET | (소르베) |
| - MEAT | VIANDE | (비앙드) |
| - SALAD | SALADE | (살라드) |
| - CHEESE | FROMAGE | (프로마쥬) |
| - DESSERT | DESSERT | (과자 : 앙트르메) |
| | | (과일 : 후루이) |
| COFFEE or TEA | (까페와 떼) | |
| - DIGESTIF | DIGESTIF | (디제스티프) |
| | (LIQUEUR) | |

## 2. 서양식의 Course 및 Manner

### 1) Aperitif 및 Manner

① 식전주로서 Sherry, Vermouth가 대표적이며 Cocktail, Wine, Champagne 등이 좋다.

Sherry는 스페인산 백포도주이며 Vermouth는 화이트 와인에 약초를 가미한 것으로, Dry는 쌉쌀한 맛으로 프랑스산이며, Sweet는 달콤한 맛의 이탈리아산이다.

② Aperitif의 Manner

- 취하지 않을 정도로 Cocktail은 약하게 1~2잔 정도로 마신다.
- Aperitif는 찬 음료인 경우가 많다.

PART 6

### 2) 전채 요리 및 Manner

**(1) 전채 요리의 기원**

전채 요리는 불어는 'Hors D'oeuvre', 영어로는 'Appetizer', 이태리어로는 'Antipasti', 러시아에서는 'Zakuski' 라고 불린다.

14세기 초 마르코 폴로가 중국의 원나라의 냉채 요리를 보고 창안하여 이탈리아에서 시작하여 프랑스로 건너갔다는 설과 러시아 연회에서 밖에 기다리는 손님을 위해 보드카와 자쿠스키라는 간단한 요리를 제공한 데서 유래하였다는 설을 가지고 있다.

**(2) 전채 요리의 특성**

- 양이 많지 않고 먹기 쉬운 크기의 재료를 이용(양보다는 질)
- 재료가 주 요리와 중복되지 않는다.

- 짠맛, 신맛이 가미되어 그 자극으로 타액 분비를 촉진시켜 식욕을 돋우어 준다.
- Hors : …외에, Oeuvre : 작품(작품 전에 먹는 요리라는 의미)

#### (3) 전채 요리의 Manner

- 전채 요리는 Course에 제일 먼저 제공되는 요리로 식욕을 촉진시키는 역할이므로 너무 많이 먹지 않도록 한다.
- 가장 좋은 온도에서 제공됨으로 나오는 대로 먹으며, 끝은 같이 하도록 하는 것이 좋다.

#### (4) 전채 요리의 종류

① 차가운 전채

㉠ Caviar(캐비어)

소금에 절인 철갑상어알로 러시아산이 유명하나 최상급은 주로 카스피 연안에서 포획되는 이란산이 최고급이다.

** 얼음으로 차게 하여 Vodka와 함께 먹는다.

** 멜바 토스트, Egg yolk, Sour cream, Chopped onion, Lemon, 파와 같이 먹는다.

** 철갑상어는 전체 24종류가 있는데, 이 중에 Beluga(벨루가) Ossetra(오세트라), Sevruga(세부르가)의 3종류에서만 추출한다.

Caviar

** 부레에서는 항공기 등의 산업 분야에서 초강력 본드로 사용된다.

** 비타민 A, B, C, D를 비롯, 인, 칼슘, 철분 등의 영양소가 풍부하다.

** 칼로리가 낮아 상류층이나 귀부인의 다이어트 식품으로 애용된다.

** 맛의 변질을 막기 위해 은제품은 사용하지 않고 금제품을 사용한다.

ⓛ Foie gras(후아그라)

거위 간으로 영어로는 Goose Liver라고 하며, 전채 요리 중 최고급 요리에 속한다.

Foie gras는 맛이 부드럽고 풍미가 강한 고단백 식품이다. Pate의 왕자라 칭한다.

거위를 2주 전부터 옥수수 사료만 먹이며, 어두운 곳에서 잠만 자게 하여 비대하게 만든 다음에

간장을 채취하는 잔인하고 특수한 방법으로 얻어 내는 것으로 Brioche(브리오슈)나 구운 토스트와 함께 먹는다.

Foie gras

Brioche



ⓒ Truffle(트러플)

흑진주, 흑다이아몬드라고 불리는 송로 버섯으로 Foie gras와 조화를 이루며, 사치 요리로 꼽힌다.

사람이 찾을 수 없어 돼지로 하여금 독특한 향으로 찾게 한다.

인공 재배하는데 10여 년 이상이 소요되며 신선함을 유지하기 위해 바로 통조림으로 제조한다.

Truffle(트러플)

ⓡ 기타

- Smoked Salmon(훈제 연어) : 연어 특유의 색깔로 시각적인 면을 돋보이며 맛이 뛰어나고 영양가가 높아 인기 있는 전채 요리 중 하나이다.
- Oyster(생굴) : 영양이 풍부한 식욕 촉진 요리로 왼손으로 잡고 생굴용 포크를 이용하여 레몬즙을 뿌려 먹는다. 영어로 'R' 이 들어 있는 달에 먹는 것이 좋으며 첫 비즈니스 시에는 피하는 것이 좋다.

Smoked Salmon

Oyster

- Shrimp Cocktail(새우 칵테일) : 중간 크기 정도의 새우를 Steaming 하여 익힌 후 Sauce와 함께 차갑게 먹는다.
- Canape(카나페) : 작은 크래커나 토스트 위에 치즈, 연어, Caviar, Ham 등을 얹어 한 입에 먹을 수 있는 조그만 오픈 샌드위치라 할 수 있다.

Shrimp Cocktail

Canape

- Japanese Delicacy : 일부 동양 항공사에서 사용하고 있다.
  - ⓐ Sushi(초밥)
    - Nigirizushi : 손으로 만든 주먹밥(니기리스시)
    - Inarizushi : 유부초밥(이나리스시)
  - ⓑ Norimaki(김밥)
    - Homaki : 가늘게 만 김밥(호마끼)
    - Hutomaki : 굵게 만 김밥(후토마끼)

Japanese Delicacy

② 따뜻한 전채 요리

㉠ Escargot(식용 달팽이) : 프랑스 특유의 전채 요리로 Snail Tong으로 껍질을 잡고 포크로 꺼낸다.

㉡ Boiled Lobster(구운 바다가재) : 영양이 풍부하고 맛이 좋아 미식가들이 애호하는 요리이다.

㉢ Ravioli(라비올리) : 이탈리아식 만두라 할 수 있다.

Escargot

Lobster

Ravioli

## 3) Soup 및 Manner

### (1) Soup의 특성

주 요리 전에 식욕 촉진 역할을 하며 다음 음식의 소화를 돕는다. 또한 국물이 위벽을 보호하며, 알코올의 저항력을 강하게 해준다.

### (2) 수프의 종류

① 맑은 수프(Clear soup) : 콘소메(Consomme)가 대표적이며 육류, 어류를 삶은 국물로, 육류 요리와 코스가 많은 정식 요리에 알맞으며 내용물에 따라 이름이 다양하다(Beef, Chicken, Fish consomme 등).

② 불투명한 수프(Thick soup) : 흔히 cream of …로 시작되는 수프로 야채, 녹말, 가금류 등을 재료로 양념을 첨가한 껄쭉한 수프를 말한다. 이때 Garnish[2]에 따른다.

Consomme soup

Thick soup



### (3) Soup의 Manner

- 수프는 마시는 것이 아니라 먹는 음식이다.
- 수프 먹는 방법
  - 영국식 : 스푼을 바깥쪽으로 밀면서 떠먹는다.
  - 프랑스식 : 반대로 바깥쪽으로 당기면서 떠먹는다.

---

2) Thick soup Garnish의 종류

- Cracker(크래커)
- Crouton(크루통 : 주사위 모양의 단단해진 빵조각)
- Chopped Bacon(잘게 다진 베이컨)
- Diced Sausage(주사위 모양의 소세지)

Bouillon Cup

- 수프를 먹고 싶지 않을 때는 접시 안에 수프 스푼을 뒤집어 올려 놓으면 된다.
- 스푼은 입에 넣지 않는다.
- 뜨거운 수프는 입으로 불지 말고, 저어가면서 식혀 먹는다.
- 손잡이가 있는 부이용 컵(Bouillon Cup)은 들고 먹어도 좋으나, 스푼을 넣은 채로 마시지 않는다.

## 4) 빵 및 Manner

### (1) 빵의 특성

빵은 대개 수프를 먹고 난 후 요리와 함께 먹기 시작하여 디저트를 먹기 전까지 먹는다.

빵은 음식의 맛이 남아 있는 혀를 깨끗이 하여 미각을 신선하게 하며, 요리를 먹으면 지방으로 산성화되는 것을 알칼리성인 빵이 이를 중화시키는 역할을 한다.

### (2) 호칭

포르투갈어로 빵(Pain)이 일본식 발음으로 빵이 되었으며, 무게에 따라 그 호칭이 바뀐다.

225g 이상은 Bread(브레드), 60g~225g 이하는 Bunn(번), 60g 이하는 Roll(롤)이라 한다.

### (3) 종류

빵은 사용하는 용도에 따라 Dinner Bread와 Breakfast Bread로 나눠진다.

대표적인 Dinner Bread는 Baguette(프랑스의 대표적인 빵)이며, Garlic bread(갈릭 브레드), Hard roll이 있다.

Baguette

Galic Bread

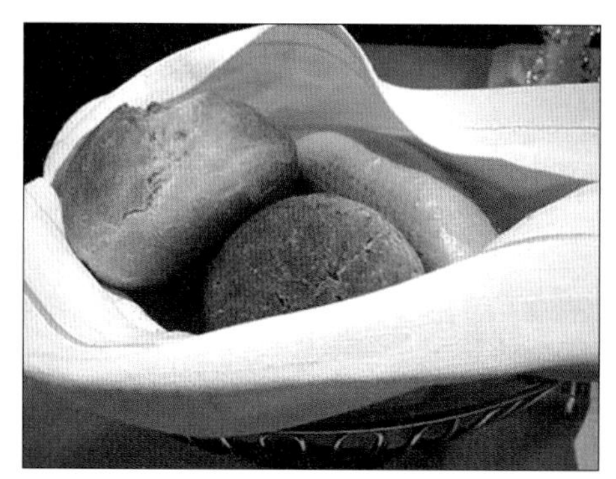
Hard Roll

Breakfast Bread로는 Brioche(브리오쉬), Muffin(머핀), Croissant(크루와쌍), Bagel(베이글), Danish roll(대니쉬 롤), Grissini(그리씨니) 등이 있다.

#### (4) 빵의 Manner

- 자신의 빵 접시는 일반적으로 왼쪽에 놓인다.
- 자신의 빵 접시로 옮겨 놓은 후 나이프로 먹지 말고 손으로 떼어 먹는다.
- 여러번 가져와도 되므로 한 번에 많이 가져오지 않도록 한다.
- 한번에 버터를 발라 먹지 않는다.
- Saucer[3)]의 행동은 하지 않는다.

3) Saucer(쏘쎄) : 식사시에 남은 Sauce를 빵으로 접시를 닦듯이 먹는 행동을 말한다.

## 5) 생선 요리 및 Manner

생선 요리는 격식을 갖춘 정식 메뉴이나 생략되는 경우가 많다.

한쪽 끝을 포크로 고정시키고 나이프로 눌러 레몬즙을 낸 후 다음과 같은 방법으로 먹는다.

- 머리, 꼬리, 지느러미를 발라낸 후 먹는다.
- 왼쪽에서 오른쪽으로 먹는 데, 이는 왼손에 포크가 있기 때문이다.
- 생선은 뒤집지 않는다.

## 6) Entree

### (1) Entree의 구성

- Entree : Meat류, Poultry류(가금류), Seafood류 중 Lobster, Prawn 등을 Main Entree로 사용한다.
- Starch
  - 감자 : 조리 방법, 모양, 기타 등으로 그 이름이 다르다.
    - * Baked : 껍질을 벗기지 않고 통으로 구워 Butter, Sour Cream, Bacon, Onion, 파 등을 넣어 함께 먹는다.
    - * 샤또 : 장방형, 원형으로 각지게 만들어 노랗게 구운 것으로 가장 많이 사용된다.
    - * 뒤세스 : 감자를 삶아 으깨어 작은 Cake 모양으로 만들어 구운 것.
    - * 베르니 : 감자를 삶아 으깨어 공 모양으로 만들어 기름에 튀긴 후 Almond를 입힌 것.
  - Rice : Steam Rice, Fried Rice, Saffron Rice 등
  - Pasta : Macaroni, Lasagna, Ravioli 등

- Vegetable : 모양, 색이 잘 어울리는 야채 요리로 Carrot, Mushroom, Tomato, Asparagus, Broccoli, Cauliflower, Onion, Artichoke 및 아기 호박 등을 많이 사용하고 있다.

### (2) Entree의 종류별 특성

서양 정식 코스에서의 하이라이트는 주 요리인 Entree인 육류 요리인 것이다. 그 중에서도 특히 Beef Steak이라 할 수 있다. Beef Steak은 주로 소고기의 안심 부분을 사용하며 불어로는 'Filet' 라 하고 Filet 중 2번째 부위의 Chateaubriand(샤또브리앙)을 최고급의 Beef Steak로 꼽고 있다.

안심의 종류는 다음과 같다.

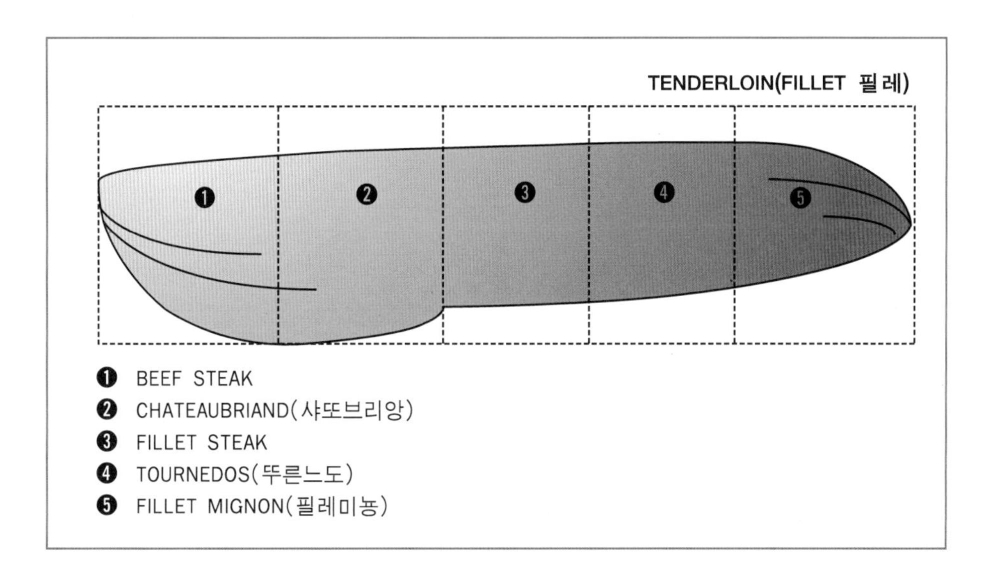


① 대표적인 부위 명칭

- 안심
  - Head(헤드)
  - Chateaubrand(샤토 브리앙)
  - Petit Filet(쁘티 필레)
  - Tournedos(투르네도) : 삼겹살로 감아 놓은 것
  - Filet Mignon(필레 미뇽) : 아주 작고 예쁜 Beef Steak의 의미를 가지고 있다.

PART 6

- 등심
  - Sirloin Steak : 영국 왕 찰스 2세가 맛에 반해, Steak에 작위를 부여하여 Sir가 붙여졌다.
  - T-bonne Steak : 'T' 자 모양의 뼈를 중심으로 한쪽은 안심, 등심으로 나눠져 있는 Steak이다.
  - New York Steak : 소갈비 13번째에서 허리까지 살을 자르면 뉴욕의 맨하튼을 닮았다하여 붙여진 이름이다.

Sirloin Steak

T-bonne Steak

New York Steak

② 조리 굽는 방법에 의한 Steak

- RARE : Saignant(쎄냥) : 겉 부분만 익혀, 자르면 피가 흐르도록 아주 덜 구운 것.

- MEDIUM : a point(아쁘앙) : 자르면 붉은 색으로 중간 정도 구운 것.
- WELLDONE : Bien Cuit(비앙퀴) : 속까지 완전히 구운 것.
  - Pork Chop, Veal은 반드시 Well-done으로 먹으며, Lamb(어린 양고기)은 지방과 수분이 적어 조금만 익힌다.
  - "Nearer the bone, Sweeter the meat"(뼈에 가까운 고기일수록 맛이 있다)

## 7) Salad

### (1) Salad특성

- 영양적 측면에서 알칼리성 야채가 산성인 고기를 중화시킨다.
- 영국, 미국인은 고기와 같이 먹거나. 먹기 전의 습관이 있는 반면에 프랑스인은 포도주가 식욕이나 건강에 더욱 좋다고 믿기 때문에 고기 요리 끝난 후에 먹는다.

### (2) Salad 기본 구성

- Base(바탕) : 거의 Green Lettuce(상추)가 대부분이다.
- Body(본체) : 색상이 진한 야채(브로콜리, 셀러리, 무순이 등)
- Dressing
  - French Dressing : 올리브유와 식초를 이용, 맛이 산뜻하여 정식 테이블에 잘 어울린다.
  - 1000 Island Dressing : 마요네즈를 이용. 한국인이 가장 애호하는 드레싱이다. 정찬에서는 칼로리가 높으니 가능하면 피하라.
  - Italian Dressing : 기름, 식초, 멸치젓을 가미한 연한 갈색의 드레싱이다.

PART 6

French Dressing

1000 Island Dressing

Italian Dressing

- Garnish(가니쉬) : 이는 요리의 미각, 시각 또는 구색을 맞추기 위함
  - 야채류로는 주로 감자, 아기 옥수수, Olive, 오이, 토마토가 있으며, 해물류로는 새우, 안초비가 있고, 기타 말린 것으로 해바라기 씨, Crouton, Chopped Bacon 등이 있다.

### (3) Salad의 4 C

- Clean : 깨끗하고 신선한 재료를 사용한다.
- Cool : 차게 보관한다
- Crispy : 냉각한 것처럼 바삭거려야 한다.
- Colorful : 다채로운 색상의 배열을 해야 한다.

## 8) Cheese 및 Manner

프랑스에는 "마시는 우유보다 먹는 우유가 더 많다."라 한다. 이는 프랑스에 약 400여 가지의 치즈를 두고 하는 말이다.

### (1) 국가별 대표적인 치즈

- 프랑스 : Camenbert(까망베르), Brie(브리), Roquefort(로크포르)
- 영국 : Cheddar(체다)
- 이탈리아 : Parmesan(파마산)
- 스위스 : Emental(에멘탈)
- 인공 치즈 : Hamburger용

각종 Cheese

### (2) Cheese의 Manner

- 부드러운 치즈는 빵에 발라 먹고, 딱딱한 치즈는 빵에 얹어 먹는다.
- 원형 치즈는 부채꼴로 잘라 먹고, 보통은 가로 방향으로 먹는다.
- 집으로 초대 받았을 시, 치즈를 너무 많이 먹지 마라. 왜냐하면 초대가 부실하거나 요리가 부실한 것 같은 의심을 준다.

## 9) Dessert 및 Manner

서양에서의 Dessert는 '저녁 식사의 꽃' 이라 하여 매우 중요하게 여기며, 식사의 큰 비중을 차지한다.

불어로 디저트는 '정리하다, 치우다' 의 뜻으로 식사 도구 및 기타 모든 것을 치우고 먹는다.

**(1) 과자류**

Pudding(푸딩), 파이, Soft Cake, Ice Cream, Petits Fours(브띠 뿌), 슈크림 등이 있다.

Petits Fours

**(2) 과일류**

식물류에서 씨앗을 가지고 있는 것으로 80~90%의 수분으로 당도와 특유의 맛을 가지고 있다.

흔히 우리가 접하고 있는 과일이 다양하여 자주 접할 수 없는 열대 과일만을 나열하기로 한다.

Mango, Papaya, Rambutan, Mandarin, Kiwi, Mangostine, Lychee, Guava, Durian 등이 있다.

**(3) Coffee & Tea**

- 커피의 원산지는 에티오피아의 고산 지대이며, 처음에는 떨어진 커피콩을 그대로 끓여서 마시다가 이것이 술을 마시지 않는 이슬람 국가로 전해졌으며, 커피콩을 볶는 것은 아라비아에서 시작되었다.
- 아라비아 – 이집트 – 오스만 튀르크 – 베네치아 – 파리(17세기)
- Coffee의 명칭은 에티오피아의 Kaffa 지명 또는 아랍어의 Qahwa, 즉 '식물에서 만든 포도주' 라는 설이 있다.
- 세계의 3대 Coffee : 아라비카, 로브스터, 리베리카

  그러나 리베리카의 생산 단절로 아라비카에서 분류된 마일드, 브라질, 로브스터로 구분한다.

① 국가별 대표적인 3대 커피

* 마일드 : 에티오피아가 원산지이며 대표적인 커피 품종은 모카, 콜롬비아이다.

* 세계 최고의 산출국인 브라질의 대표적인 품종은 블루 마운틴, 킬리만자로가 있다.

* 로브스터 : 콩고가 원산지이며 쓴 맛을 내며 주로 Instant 커피용으로 쓰인다.

② 커피의 종류

* 카페오레(Cafe au lait) : 프랑스식 모닝커피 : 우유에 커피를 넣은 것이다.
* 비엔나 커피(Vienna coffee) : 마구 저은 생크림을 띄운 커피
* 아메리칸 커피 : Regular Coffee 보다 아주 엷은 맛은 내는 커피이다.
* 아이리시 커피 : 커피에 아이리시 위스키와 생크림을 얹어 마시는 것으로 일명 '샌프란시스코 커피' 라 한다.
* 에스프레소(Espresso) : 이탈리아에서 개발된 커피로, 뜨거운 증기가 순식간에 향기 높은 커피 성분을 끌어낸다.
* 카푸치노(Cappuccino) : 일명 '신사의 커피' 라 하며, 우유 거품과 계피 향의 이탈리아식 커피
* 카페 로얄(Cafe Royale) : '커피의 황제' : 나폴레옹이 즐겨 마셨다는 커피. 브랜디, 각설탕으로 푸른빛을 연출하면서 마시는 귀족 커피
* 디카페인(Decarffein) : 카페인을 제거한 커피로 브랜드 명은 Sanka coffee라고도 한다.

Vienna

Espresso

Irish

Cappuccino

Cafe Royale

③ 커피나 차 마실 때의 매너

- 스푼 사용 후 반드시 접시 위에 놓는다.

Tea SVC

- 손잡이에 손가락을 끼지 말고 엄지와 검지를 이용하여 손잡이를 가볍게 쥔다.
- 왼 손으로 Cup을 받치거나 받침을 들지 않는다.
- 마시면서 입안에 우물우물 소리를 내거나 뜨겁다 해서 입으로 '후' 하며 다른 사람이 들리게 하는 행동은 해서는 안 된다.
- 성급히 한번에 다 마셔 버리는 행위
- 옆사람을 치는 수가 있으니 마시면서 팔꿈치를 수평으로 하지 않는다.
- 무조건 Milk와 설탕을 넣어 주지 말고, 상대방의 취향을 존중하라.
- Tea Bag과 Lemon은 Cup의 뒤쪽으로 빼어 놓고 마신다.

## 제3절 서양식 Breakfast

서양에서의 아침 식사는 간단히 Coffee와 Bread만의 간편한 유럽식의 Continental Breakfast와 Fruit Juice로 시작하여 Grill 요리까지 이어지는 미국식의 American Breakfast로 구분한다.

### 1. American Breakfast 구성

주로 계란 요리를 중심으로 Fruit, Juice, Cereal, Egg, Cakes, 빵, Beverage, Ham. Bacon, Sausage이다.

#### 1) Fruit

다양한 종류의 과일로부터 아침 식사가 시작된다.

## 2) Juice

각종의 Fruit Juice와 Vegetable Juice가 있다.

## 3) Cereal

아침에 제공되는 곡물, 죽 종류의 Hot Cereal과 Cornflakes나 Puffed Rice와 같이 건조된 재료의 Cold Cereal이 있으며, 여기에는 차가운 우유를 넣고 Oatmeal에는 따뜻한 우유를 넣는다.

## 4) Cakes

Egg 요리를 대신해서 제공되는 것으로 Pan Cake, Waffle, French Toast 등이 있으며, 이때 Syrup이나 Honey가 제공된다.

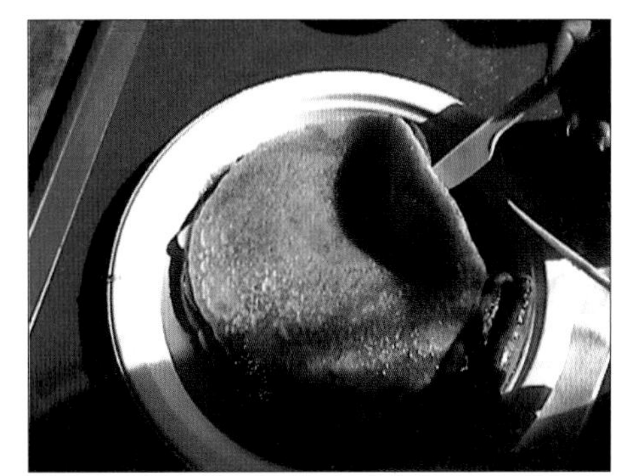

Pan Cake



## 5) Breakfast Roll

Breakfast Roll의 종류로는 Croissant(크루와상), Brioche(브리오쉬), Muffin(머핀), Bagel(베이글), Danish roll(대니쉬 롤), Grissini(그리씨니) 등이 있다.

Croissant Muffin Grissini

## 6) Main Dish

### (1) Egg

American Breakfast의 Main Dish는 계란 요리이므로 조리 방법에 따라 그 명칭이 달라 주문시 정확히 하여야 한다.

- Plain Egg : 날 것의 계란
- Boiled Egg : 삶은 계란을 말하며, 개개인 선호에 따라 반숙 및 완숙의 정도를 조리 시간에 맞춘다.
- Poached Egg : 서서히 끓는 물에 껍질을 벗긴 채로 익히는 조리 방법으로 우리의 수란과 같다.
- Scrambled Egg : 계란을 깨어 Milk, Cream, 물을 섞어 가끔 저으며 익히는 것을 말한다. 자주 저으면 건조해 부스러진다.
- Fried Egg : Sunny Side Up : 한쪽 면만 익히며 흰자의 가장자리는 바삭거리고 노른자는 완전히 익히지 않은 것
  - Over Easy : 양쪽을 다 익혔으나 노른자는 덜 익힌 것
  - Over Hard : 노른자까지 완전히 익힌 것
- Baked Egg : Ramekin이라는 용기에 계란을 넣어 버터를 바르고 구워내는 것
- Omelette Egg : 계란을 개어 Milk, Onion, Mushroom, Ham, Bacon 기타 등을 넣고 섞어 조리하는 것으로 개개인의 취향에 따라 내용물을 주문 받는다.

Omelette Egg

#### (2) Mixed Grill

- Ham, Bacon, Sausage등의 Pork류
- 소형의 Minute Steak
- Starch로는 Hash Brown, Sweet Potato 등
- Vegetable로는 Tomato, Mushroom 등

### 2. Continental Breakfast 구성

유럽식 또는 대륙식이라 하는 Continental Breakfast는 대부분의 유럽에서 성행하고 있는 형태로 매우 간단하며 Juice, Bread, Coffee & Tea 정도로 제공된다.

이는 주로 Room 서비스로 애용되고 있으며, 근간 유럽 Hotel에서도 대부분 American Breakfast식으로 운영하고 있는 실정이다.

PART 6

## 제4절 기내 음료

기내 음료의 구성은 Alcoholic Beverage와 Non Alcoholic Beverage로 나뉜다.

### 1. Alcoholic Beverage

#### 1) Alcoholic Beverage의 분류

##### (1) 양조법에 따른 분류

- **양조주** : 곡물의 녹말이나 과일의 당분을 발효시켜 여과한 술로 Wine, Beer, 우리의 막걸리가 이에 속한다.
- **증류주** : 양조주를 증류하여 Alcoholic 농도를 진하게 만든 술로 Whiskey, Brandy, Vodka, 중국의 고량주 등이 이에 속한다.

- **혼성주** : 증류주에 약초, 식물의 뿌리, 열매, 과즙, 색소, 향의 첨가 및 다른 종류의 술을 혼합하여 만든 술로 Liqueur, Gin이 이에 속한다.

### (2) 식사에 따른 술의 분류

- 식전주(APERITIF) : 식욕을 돋우기 위해 달지 않게 마신다.
  여기에는 대표적으로 Vermouthe(베르무트[4], 영 : 버머스)와 Sherry[5] 스페인산 백포도주가 있으며, 또한 Cocktail, Champagne 등이 있다.
- 식중주 : 알코올 농도가 낮으며, 위의 부담을 주지 않는 것으로 Wine, Beer 등이 있다.
- 식후주(Digestif) : 일명 '소화 촉진주'라 불리는 감미로운 술이다. Brandy와 Liqueur 등이 있다.

Whisky & Brandy

## 2) Alcoholic Beverage의 종류

### (1) Whisky

- Whisky의 특성

① 곡물을 발효시켜 증류시킨 것을 Oak통에 저장하여 숙성시킨 것으로 대표

4) Vermouthe : Dry : 프랑스산으로 쌉쌀한 맛, Sweet : 이탈리아산으로 달짝지근한 맛이 있다.
5) Sherry : 여성에게 어울리는 Cream Sherry와 남성에게 어울리는 Dry Sherry가 있다.

적인 증류주이다. Oak통에 저장하는 것은 나무통의 성분으로 술은 호박색이 되고, 향미가 좋아지기 때문이다.

② 생산지별로 고유의 풍미와 특성을 가지고 있다.

- Whisky 종류

① Scotch Whisky : 스코틀랜드에서 제조되는 것으로 위스키의 대명사로 불리며, Malt Whisky와 Grain Whisky가 혼합된 Blended Whisky가 있다. 우리가 마시는 대부분의 Whisky가 이에 해당한다.

② American Whisky : 미국 켄터키주의 Bourbon 지방에서 옥수수를 원료로 만든 것으로 미국 건국 초기, 프랑스에서 이주해 온 이민자들이 영화로웠던 옛날 부르봉(Bourbon) 왕가를 그리워 한 것으로 미국식 발음이 그 유래이다(Jim beam, Old grand dad, I. W. Harper, Wild Turkey 등이 있다).

③ Irish Whisky : 아일랜드에서 제조되는 것으로 향이 진하고, 맛이 중후하고 부드럽다(Jameson, Middleton 등이 있다).

④ Canadian Whisky : 호밀, 옥수수, 스페인산 포도주 셰리 등을 섞어 만들어 맛은 부드럽다(Canadian club, Crown royal, Seagram's, Canadian mist 등).

### (2) Brandy

Brandy는 Wine이나 Beer에 비해 새로운 술이다.

- Brandy 어원

네덜란드어로 Brandewijin이며, Burned Wine(즉 태운 와인, 증류 와인) Brandy Wine이 변화한 것이다. 약 700년 전 프랑스의 연금술사가 비금속을 황금으로 만들다 실패하여 마시던 와인을 도가니에 넣어 나선관을 통해 응축되어 액이 된 것을 냄새와 마셔 본 뒤 AQUAVITAE(생명의 물)라 하였다.

- Brandy의 특성

① Brandy는 과일을 발효액을 증류시킨 것으로 포도 Brandy와 사과 Brandy로 구분한다. 그러나 포도 브랜디의 질이 가장 우수하고 많이 생산되어 일반적으로 Brandy하면 포도 Brandy를 말한다.

② Wine을 증류해서 Brandy를 만든다. 포도주 7~8병 정도 증류를 해야만 코냑 1병이 만들어진다.

- Brandy의 명산지

① Cognac 지방 : 프랑스 코냑 지방에서 생산되는 Brandy만을 Cognac이라 한다.

② Armagnac 지방 : 프랑스 아르마냑에서 생산되는 브랜디이다.

③ Calvados 지방 : 프랑스 북부 노르망디 지역 특산물을 말하며 사과로 만든 브랜디이다.

- Brandy를 즐기는 방법

① Cocktail용으로는 많이 쓰이지 않는다.

② 커피에 넣어서 마시거나, 특히 요리에 많이 쓰인다.

③ 식후주로 애용되며, 향을 즐기기 위해 따뜻하게 하며, Glass는 Tulip 모양의 Lagoon Shape Glass를 사용하여 마신다.

- Cognac 등급

① "코냑의 친구는 시간이다."라는 말과 같이, 코냑은 숙성 기간에 따라 등급을 정해 놓고 이를 라벨에 표기하는 것이 특징이다.

COGNAC의 부호

* 3 stars : 3 년
* V.O(very old) : 3~5 년
* V.S.O.(very superior old) : 12~15 년
* V.S.O.P(very superior old Pale)[6] : 15~20 년
* X.O(extra old) : 30~50년 이상
* EXTRA : 70년 이상

NAPOLEN : 숙성 기간이 아닌 '특제품' 의 의미로 최고의 제품에만 붙인다.

### (3) Beer

- Beer의 특성

보리를 발아시켜 Hop과 함께 발효시킨 것으로, 영양분이 높으며 알코올 농도는 낮다.

이는 적당한 온도로 마셔야 맥주의 청량감을 느낄 수 있다.

너무 차면 맛을 느끼지 못하고, 온도가 높으면 탄산가스 증발로 거품만 생긴다.

- Beer의 종류

① Draft Beer : 살균되지 않는 생맥주로 저온에서 저장, 운반해야 함으로 빨리 소비하여야 한다.

② Lager Beer : 제조 후 저온 살균하여 효모의 활동을 중지시켜 병이나 캔에 오랫동안 저장할 수 있게 만든 것이다.

③ Stout Beer : 태운 캐러멜을 넣어 쓴 맛이 강하고 알코올 농도가 높은 흑맥주이다.

---

6) Pale : 술에 캐러멜을 넣어 가짜가 성행하면서, 차이점을 두기 위해 "맑다(pale)"는 표시를 하여 증명한 것을 말한다.



PART 6

(4) Gin

- Gin의 유래

17세기 네덜란드의 의사인 '실비우스'가 호밀의 이뇨 효과가 있는 Juniper berry(노간주나무)를 넣어 Junievere라는 이뇨, 해열제로 제작하여 약용으로 쓰이던 술이다.

그 후 영국 해군에 의해 '런던 드라이 진'이라고 명명하여 현재까지 가장 대중적이고 칵테일을 만드는 데 필수적이 되어, Gin은 '마티니'를 만드는 데 "칵테일은 마티니에서 시작하여 마티니로 끝난다."는 말이 있다.

- GIN 특성

호밀, 옥수수 등을 원료로 한 증류주인 동시에 혼성주이며 숙성 과정을 거치지 않은 술이다. Martini, Tom Collins, Gin Tonic, Gin Fizz 등의 칵테일의 재료로 대중화되었다.

(5) Vodka

- Vodka 특성

① 감자, 호밀, 옥수수를 주원료로 증류 과정에 자작나무로 만든 숯으로 여과하여 냄새를 제거한 증류주이며 숙성 과정을 거치지 않아 생산비가 저렴하다.

② 무색, 무미, 무취이므로 Cocktail용으로 많이 사용한다.

Vodka Tonic, Screw Driver, Bloody Mary 등이 있다.

- 'Voda'라는 러시아어로 '생명의 술'에서 유래하여 '시베리아를 녹이는 술' 즉 러시아를 대표하는 술로 종류는 100여 가지가 있다.

그 중 스톨리치나야, 모스코브스카야, 스톨로바야가 세계적인 명성을 가지고 있다.

또 On the rocks보다는 스트레이트로 마시며, 전채인 Caviar, Salmon 등과 가장 잘 어울린다.

(6) Liqueur

- 이는 혼성주의 일종으로 증류주를 섞거나 약초, 꽃, 씨앗을 용해하여 향미가 나도록 한 것이다. 그래서 다른 증류주와 달리 단맛이 나는 것이 특징이다.

Benedictine　Cointreau　Drambuie　Grand Marnier

- Liqueur의 종류

① Benedictine(베네틱틴)

* 프랑스의 유명한 베네틱틴 사원에서 만들어져 유명하며, D.O.M(DEO OPTIMO MAXIMO) Label로서 "최대 최선의 신에게 바친다."라는 의미를 가지고 있다.

② Cointreau(꼬엥뜨루)

* 엄선된 오렌지의 Essence를 뽑아 Brandy와 섞어 만든다.

③ Grand Marnier(그랑 마니에르)

* Cognac에 오렌지와 약초와 섞어 만들며, 4년 숙성된 코냑에 오렌지 껍질을 넣어 Oak통에서 숙성시킨다.

④ Drambuie(드람뷔)

* Scotch Whisky에 벌꿀, 약초를 첨가하여 만들며, '사람을 만족 시킨다는 음료' 란 뜻이다.

⑤ Creme De Menthe(끄램 드 망뜨)

* 증류주에 박하를 주원료로 약초를 혼합하여 만들며, CREME DE는 최상이라는 뜻이다.

⑥ Creme Cassis(끄램 드 까시스)

* 까치 밥 열매를 주원료로 약간의 신맛이 난다.
* Kir Royal의 Base로 쓰인다.

⑦ Baileys(베일리즈)

* Irish Whisky와 Irish Cream을 혼합하여 만들며 Angel' s Smile의 Base로 쓰인다.

### (7) Wine

- Wine의 특성

① 천연 발효주로서 Bottling후에도 발효가 계속된다.

② 알칼리성의 건강 음료이다.

③ 포도 수확년도에 따라 향취와 맛이 다르다.

④ 요리와 잘 어울려 식중주로 적합하다.

- WINE 색에 따른 분류

① Red Wine : 적포도의 껍질에서 색소를 착색시켜 만든다.

② White Wine : 청포도나 적포도를 사용하며, 착색이 되지 않도록 껍질을 제거하여 만든다.

③ Rose(Pink) Wine : 적포도 껍질에서 적당히 착색되면, 분리하여 만든다.

④ 기타 = Beaujolais Nouveau(보졸레 누보)

그 해 첫 수확된 포도로 만든 적포도주로 숙성시키지 않은 Young Wine으로 11월 3째주 목요일을 기해 전 세계로 출시한다.

- Wine 생산지에 따른 분류

① 프랑스 WINE의 분류

* Bordeaux(보르도) : Chateau(샤또) Wine이 유명하다. 이는 가장 고급 와인으로 Red Wine의 여왕으로 칭한다. 샤또는 성(城)을 뜻하나, 특정한 포도 양조장을 뜻한다.
* Bourgogne(부루고뉴) : 영어로 BURGUNDY(버건디)라 하며, Chablis White Wine이 유명하다. 정교한 맛의 Wine이다.
* Champagne(샹파뉴) : 발포성 와인인 샴페인의 생산지
* Alasace(알사스) : 독일과 국경을 맞댄 북부 내륙 지방으로 서늘하여 청포도 재배하며, Dry한 White Wine의 생산지로 유명하다.

② 기타 국가의 Wine

* 미국 : California Wine
* 독일 : Rhine, Mosel Wine
* 이탈리아 : Chianti Wine

Champagne

* 포르투갈 : Port Wine
* 스페인 : Sherry Wine

- Wine 맛에 따른 분류

① Dry Wine : 양조시 당분이 남아 있지 않도록 완전히 발효시켜 만든다.

② Sweet Wine : 양조시 당분이 적당히 남아 있을 때 발효를 중지한다.

- Wine의 보관

Wine의 고유한 향과 맛을 최상의 상태로 즐기기 위해서는 Wine의 각각 특성에 따라 적정 온도에 맞게 Chilling 및 Breathing[7]하여야 한다.

그 Chilling 시간은 Red Wine의 경우에는 섭씨 약 15~20도 정도의 일상 온도 정도가 알맞으며, White Wine은 6~12도 정도가 적당하다.

- Wine Tasting

① 눈으로 즐기는 와인의 색(Appearance)과 투명도

② 코로 냄새의 향기(Aroma)

③ 입으로의 맛(Taste)

* Red Wine의 경우 단맛, 신맛, 떫은맛의 균형을 체크하며, White Wine의 경우 단맛과 신맛을 함께 느낀다.

- Wine Label

Wine Label에는

① 포도의 수확년도(Vintage)

② 제품명

③ 생산지

④ 와인의 등급

⑤ 생산자 포도 품종

⑥ 알코올 도수 및 와인 용량 등이 기재되어 있다.

7) Breathing : 와인을 마시기 전, 미리 코르크 마개를 제거하여 일정기간 동안 공기와 접촉하여, 맛이 부드러워지게 하는 것을 말한다. Red Wine의 경우는 약 30분 정도, White Wine은 10~30 정도가 적당하다.

### (8) Cocktail

- Cocktail의 특성

① 두 가지 이상의 술을 섞거나, 다른 부재료 및 장식용 과일 등을 혼합해서 마시는 알코올 음료이다.

② 알코올의 도수가 낮아 식욕 증진 역할을 함으로 식전주로 많이 쓰인다.

③ 맛, 향기, 시각적인 색채의 조화로 분위기의 음료이다.

- Cocktail의 기본 요소

① Base : Cocktail의 기본이 되는 Liquor(술)를 말한다.

② Mixer : Cocktail의 Base와 섞이는 음료로 Soda, Ginger ale, Tonic Water 등이 있다.

③ Garnish : Cocktail의 맛을 더하거나, 시각적으로 돋보이게 하기 위한 장식으로 Lemon, Orange, Pineapple 등의 Slice된 것과 Olive, Cherry 등이 있다.

④ Seasoning : Tabasco Sauce, Worcestershire Sauce, Salt, Pepper 등의 맛을 내는 양념 종류를 말한다.

- Cocktail 제조 방법

① Shaking : Shake에 넣고 마구 흔든 후 혼합하는 것

② Stirring : 젓는 것

③ Blending : 재료에 과일이나 계란이 포함될 때 잘게 부수어 얼음과 혼합하는 방법

④ Floating : 비중이 무거운 것부터 차례로 넣는 방법

PART 6

• Cocktail 제조시 유의 사항

① Cocktail은 항상 차갑게 4~6도로 만든다.

② Straight는 1oz, On the Rocks는 2oz가 적당한 양이다.

③ 얼음이 있는 Cocktail은 Muddler와 같이 준비한다.

④ Mixer류가 발포성 음료인 경우 많이 젓지 않는다.

⑤ 설탕이 들어가는 Cocktail은 충분히 저어 녹인 후 얼음을 넣는다.

⑥ 장식용 Garnish는 마르지 않도록 하여야 한다.

⑦ 가능한한 Garnish를 이용하여 장식 효과를 낸다.

## 2. Non Alcoholic Beverage

알코올이 함유되지 않은 모든 음료를 말하며 그 종류는 다음과 같다.

① Juice류 : Apple, Grape, Grapefruit, Guava, Lemon, Lime, Orange, Pine Juice 및 여기에 Tomato Juice가 있다.

② 탄산음료 : Coke, Diet Coke, 7-Up, Diet 7-Up, Soda Water, Tonic Water, Gingerale 등이 있다.

③ Coffee류 : Instant Coffee, Decaffeinated Coffee, Roasted Coffee 등이 있다

④ 차류 : 홍차, Green Tea, 우롱차, 쟈스민차, 인삼차, 둥굴레차 등이 있다.

⑤ 기타 : 한국의 전통 음료인 식혜, 수정과, 오미자, 우유 및 생수 등이 있다.

# Chapter 7

# 기내 업무 절차 및 기준

A380
A380

# 제7장 기내 업무 절차 및 기준

## 제1절 비행 준비

### 1. 비행 준비

객실 승무원의 비행 준비는 개인의 해당 스케줄에 따라 항공기의 탑승 전에 수행해야 할 모든 준비 절차 업무로써 Show-Up, 용모, 복장 점검, Briefing 준비, 객실 Briefing 등의 절차가 있다.

특히 국제선 비행 준비 때에는 비행에 관련된 제반 정보를 비롯하여 해당 노선의 서비스 내용, 목적지 정보, 기타 등을 정확히 숙지하여야 한다.

#### 1) 출근

- 승무원은 무엇보다도 시간 및 시각의 중요함을 인식하여 시간대별 교통 혼잡의 고려뿐 아니라 비행 스케줄과 Briefing 사전 준비 시간을 감안하여 충분한 시간을 가지고 출근해야 한다.

- 출근시 유니폼을 착용할 경우에는 승무원 Appearance 규정에 맞는 Make-Up과 Hair-Do를 갖추고, 사복을 입을 경우에는 정장 차림을 원칙으로 한다.

## 2) 객실 승무원의 비행 필수 휴대품 준비 및 점검

객실 승무원은 비행 스케줄에 의거하여 사전 비행 준비물을 준비 및 점검해야 하며, 객실 승무원의 필수 휴대품은 다음과 같다.

### (1) 객실 승무원 필수 휴대품

- 여권 및 Visa[1)]
- 직원 신분증(I. D Card) 및 승무원 등록증
- 객실 승무원 근무 규정집(Cabin Operations Manual) : 항공기내에 비치
- In-Flight Announcement
- 국제선, 국내선 Time Table 및 Memo Pad
- 출입국 관련 서류 및 근무에 필요한 서류
- 기타 개인 휴대품으로 지정된 물품(앞치마, 손전등, Medical Bag, 개인 향수 등)

## 3) Show-up

객실 승무원에게 할당된 비행 근무를 위해 지정된 장소에 비치된 일반 직원의 출근부와 같은 Show Up List에 출근 여부를 서명하는 것을 말하며, 이 때는 반드시 제복을 착용해야 한다.

---

1) Visa : 상대방 국가에서 입국을 허락한다는 입국사증.
전자 비자 : 목적지 국가를 방문하고자 할 때 항공권을 구입하면서 동시에 비자를 받는 것을 말한다. 이는 항공사의 항공권을 예약할 때 목적지 국가 이민국의 전산망에 연결하여 자동적으로 여행객의 여권 정보를 교환하는 방식을 말한다. 현재 호주가 실시하고 있으며 차후 미국에서도 추진할 예정이다.

* SHOW UP LIST에 수록되어 있는 내용

- 승무원 명단, 직급, 방송 자격, 교육 과정 이수 Code
- 기종 및 기명
- 비행구간, 출발/도착 시간
- Lay-Over 시간 및 Day-Off 일수

### 4) 용모, 복장 점검

객실 승무원은 객실 브리핑에 참석하기 전에 승무원으로서의 Image-Making 지도, 확인을 받아야 한다.

### 5) 최근 업무 지시 및 공지 사항 확인

최근 업무 지시, 공지 사항, 서비스 정보, 도착지 정보, 회사 업무 지시 및 기타 특이 사항을 회사 내의 공지 사항을 통하여 파악한다.

#### (1) 사전 학습 내용

- 기종/Class
- 항공기 장비/시스템
- 비상 사태 처리 절차
- Door 작동법
- 객실 설비
- 기내 서비스 절차
- 목적지 정보
  - 입국 서류 및 서비스 절차
  - 면세 기준
  - 보세품 처리 절차
  - 공항 정보 및 Transit 처리 절차
  - 시차 등

## 2. 객실 브리핑(Cabin Briefing)

해당편 전 객실 승무원이 정해진 시간과 장소에서 브리핑 참석전 해당편의 Briefing Sheet[2]의 내용을 참조하여 직무별 준비에 만전을 기하여야 한다. 해외 체재시에도 출발전 숙소에서 Pick-Up전에 실시한다. 출발시간 오전 11시 이전이거나, 오후 10시 이후 Flight에 대해서는 객실 전방에서 실시하며, 항공기 미주기시에는 Shipside에서 실시할 수 있다.

인천 공항 국제선 Gate 앞에서의 브리핑 및 Cabin Briefing

2) Briefing Sheet : 승무원이 해당편에 반드시 숙지해야 할 사항 모든 것이 수록되어 있다(Sheet 참조).
*** 편명, 구간, 거리, 출발/도착 시간, 기종, 기장 성명, 사무장 성명, 승객 현황, 개인별 업무 할당, Service Procedure, Service Meal 내용, Movie 내용, Safety & Security, 노선 주요 특성 및 특이 사항, 기타 등이 기재되어 있다.

### 1) Briefing 준비 사항

- 해당 비행편수, 구간, 거리, 출발/도착 시간. 각 Class별 예약 승객 현황 숙지
- 목적지 정보(시차, 입국 서류, 면세 허용량, 공항 정보 및 Transit 등)
- 최근 업무 지시, 공지 사항의 재확인
- 개인별 업무 할당, 해당 편 Service Procedure, Service Meal 내용, Movie 내용, Safety & Security 관련 사항 및 노선별 특이 사항 숙지
- 비행 근무에 필요한 서류 및 휴대품 점검
- 기종별 객실 설비, 항공기 장비, 비상 사태 처리 절차, Door 작동법

### 2) Briefing 내용

#### (1) 객실 브리핑

해당편 팀장 주도하에 비행 준비, 해당 비행 정보 교육 및 지시의 내용을 확인 점검 방식으로 진행하며 그 내용은 다음과 같다.

① 승무원 소개

승무원 인원 확인 및 직급, 성명, 담당 업무 등의 간단한 자기 소개를 한다.

② 비행 정보 소개

- 비행 일정, 해당 비행편수, 구간, 거리, 출발/도착 시간, 시차, 목적지 비행 정보 및 항공기 관련 사항
- 각 Class별 승객 현황(VIP, CIP, Special Care 승객 등)
- Duty 및 업무 확인
- 기타 객실 승무원의 기본 자세 인식 : 인사, 표정, 말씨 등

③ 비행 안전 및 보안

- 비상 장비 종류 및 사용법, 비상 사태 행동 절차 및 Procedure

- 기종에 따른 비상구 작동법
- 기타 안전, 보안 관련 강조 사항 및 특이 사항

④ 객실 서비스 관련 정보 제공

- Service Procedure, Service Meal 내용
- 기내 방송 및 Movie 내용
- 신규 및 변경 서비스 내용
- 기타 서비스 강조 사항

**(2) 합동 브리핑**

해당 비행편의 기장의 주관하에 운항, 객실 승무원이 모두 함께 하는 브리핑을 말한다.

합동 브리핑의 주요 내용은 다음과 같다.

- 전원 참석 인사 교환 및 인원 확인
- 보안 사항 및 비행 시간, 운항 고도, 비행 Route
- 항로상의 기상 조건(예상되는 Turbulence 발생 가능성, 시간, 고도, 연락 방법 등), 목적지 기상
- 승객 예약 사항
- 조종실 출입 절차
- 비상 절차 및 보안 유의 사항
- 기장과 객실 승무원 간의 협조 사항 및 신호 방법 확인(10,000 FT 표준 신호, Approaching & Landing Signal)
- 화물 상황(탑재량, 고가 여부)

# Cabin Briefing

● 편 명 : KE 073　　　　　　　　구간 : ICN/YYZ(6814 Miles)

## 1. Flight General Information

KE 073 744 _2_4_7 3/26 ~ 9/3　ICN 20 : 55　YYZ 19 : 50
KE 073 744 _2_4_7 4/2 ~ 9/3　ICN 20 : 55　YYZ 20 : 50
KE 073 744 _2_4_7 9/5 ~ 10/26　ICN 20 : 55　YYZ 20 : 35

A/C NO : HL 7498　　CAP : 이재호　　PURS : 이윤영　　PAX : 6/46/297

| Duty | Rank | Name | J/S | Duty | Rank | Name | J/S | Duty | Rank | Name | J/S |
|---|---|---|---|---|---|---|---|---|---|---|---|
| FS | PS05 | 김선정 | L1 | FG | SS05 | 이시영 | | FJ | AP07 | 윤지영 | |
| UPS | AP00 | 이찬영 | | UPG | SS04 | 최정윤 | | UPJ | AP07 | 이소연 | |
| BL | | | | BG | | | | BJ | | | |
| CL | | | | CG | | | | CJ | | | |
| DL | | | | DG | | | | DJ | | | |
| EL | | | | EG | | | | EJ | | | |

방송 : ________( )　　기내판매________　　TASER : ____/____

## 2. Service Procedure

| TIME | SERVICE | ANN & VIDEO |
|---|---|---|
| 0020 | 신문/Headphone/G/A | |
| 0030 | Refreshing Towel | |
| 0040 | Aperitif [Nuts Basket & BEV Tray] | Oops Football Action(22) |
| 0100 | 1st Meal [WZ Wine & Cold & Hot BEV] | Gillette(25), CNN(20) |
| 0140 | Meal Tray Collection | |
| 0200 | Clear Off | 체조 |
| 0210 | 기내도서 | |
| 0240 | Sales, Distribution of The Entry Documents & Assistance in filling out Forms. | Sales<br>BEV & IND SVC |
| | Movie 1 . Headphone Refill | Movie |
| 0500 | BEV Tray SVC | |
| 0530 | Movie 2 | Movie, Concert 7080(60) |
| 0900 | Hot Towel | 체조 |
| 0910 | Aperitif [BEV Tray] | |
| 0920 | 2nd Meal [WZ Cold & Hot BEV] | |
| 0950 | Meal Tray Collection | |
| 1010 | Clear off | |
| 1040 | [BEV Tray] | |
| 1150 | Recheck On The Written Entry Documents<br>Headphone & Magazine Collection<br>Sealing The LIQ Carts & Locking The Galley COMP'T | |

[비행시간 변동시 서비스 절차중 이어폰 회수 등 착륙준비는 도착 30분전]

## 3. Service Meal

| | | |
|---|---|---|
| P/R | DINNER | A : SPCL KOREAN DISH. "BIBIMBAP" |
| | | B : ROASTED SEABASS WITH ROSEMARY & CHAMPAGINE CREAM SAUCE |
| | | C : STIR-FRIED BEEF CHINESE STYLE |
| | BRFST | A : KOREAN STYLE PORRIDGE |
| | | B : MEDITERRANEAN OMELETTE WITH MUSHROOM STEW |
| | | C : CONTINENTAL BREAKFAST |
| E/Y | DINNER | A : SPCL KOREAN DISH. "BIBIMBAP" |
| | | B : BEEF BOURGUIGNON STYLE |
| | BRFST | A : PUMPKIN GRUEL(호박죽) |
| | | B : OMELETTE WITH GARNISHES |

## 4. Movie

**【8월 영화】**

RV [Comedy 99Min]

Ice age 2 : The Meltdown [Animation/Family 90Min]

**【9월 영화】**

Nacho Libre [Comedy/Romance 91Min]

Mission Impossible [Action/Adventure 125Min]

## 5. Safety & Security

▶ AIR TASER 미탑재 노선

♣ 미탑재 노선 : 대양주(SYD, BNE, NAN, AKL, CHC),영국(LHR), 캐나다(YVR, YYZ), 인디아(BOM)

## 6. Remarks

### [SERVICE]

▶ PR/CL, Korean Rice Bowl Lid(밥뚜껑)이 당분간 재고 부족으로 파행 운영될 가능성이 있으므로 미 탑재되는 경우, 뚜껑 없이 서비스 할 수밖에 없음을 알려 드립니다.
(2006.08.20 ~/최대한 빠른 시일 내에 입고 조치 예정임)

### [C.I.Q]

▶ 캐나다 세관, 주류 및 기판품 검사 강화(01.07.09 부)

1. 적발시 병 또는 CAN당 CAD 1,000의 FINE 부과
2. OAL 적발 사례
   - 일반 음료 TRAY 내에서 맥주 CAN이 발견된 CASE
   - LIQUOR가 남아있는 채로 버려진 CASE
   - 겉으로 보기에는 SEALING이 된 것처럼 보이나, 끝까지 밀어 넣지 않아 검사관 확인 시(살짝 잡아당겨 봄) 열리는 CASE

### [기타]

▶ CBB 장착 기종 운영시 주의 사항
기내 인터넷(CBB) 서비스는 매월 2째 주 일요일 GMT 시간 04:00~09:00(서울시간-13:00~18:00)
CBB사측의 System Upgrade 작업관계로 서비스가 일시 중단되며 작업종료 후 재 서비스 가능합니다.
사용료는 CBB사측의 지상 모니터링 후, 정산됩니다.

▶ 해외공항 라운지 비치용 일간지 송부 방식 변경(05.04.24~)

1. 지상직원/객실 사무장간 인수/인계

출국 GATE 담당직원이 사무장(승무원)에게 인계 → 도착지 GATE에서 사무장(승무원)이 지상직원에게 인계
2. 수량 : ICN 출발 FLT 당 총 8부 탑재
(동아/조선/한국/스포츠 각 1부씩 및 중앙/매경 각 2부씩)
3. 보안상 문제없도록 내용물 관련 지상직원과 상호 확인 철저

**[방송]**

▶ 방송 순서 : 한국어-영어-중국어

▶ 사무장님께서는 노선별 언어에 맞는 Safety Demo Tape(한국어-영어-중국어) 정상 탑재 여부 반드시 확인하시기 바랍니다.

## 3. 출국 수속

객실 브리핑이 끝나면 전 승무원은 공항 청사로 이동, 출국장으로 가서 출국 수속을 한다.

먼저 승무원 전용 Counter에서 개인 휴대수하물인 Flight Bag과 Hanger를 제외한 모든 Baggage를 탁송하며, 이때 Baggage에는 Crew Tag을 부착한다. 그리고 일반 승객과 동일한 C.I.Q[3]의 절차와 Security Check(보안 검색)을 거쳐 항공기에 탑승한다.

객실브리핑 후 로마 공항 청사 이동 중

알라스카 공항의 Security Check(보안검색)

3) C.I.Q : C : Customs(세관 검사), I : Immigration(출국 심사), Q : Quarantine(검역 심사)

## 제2절 이륙 전 업무 절차와 기준

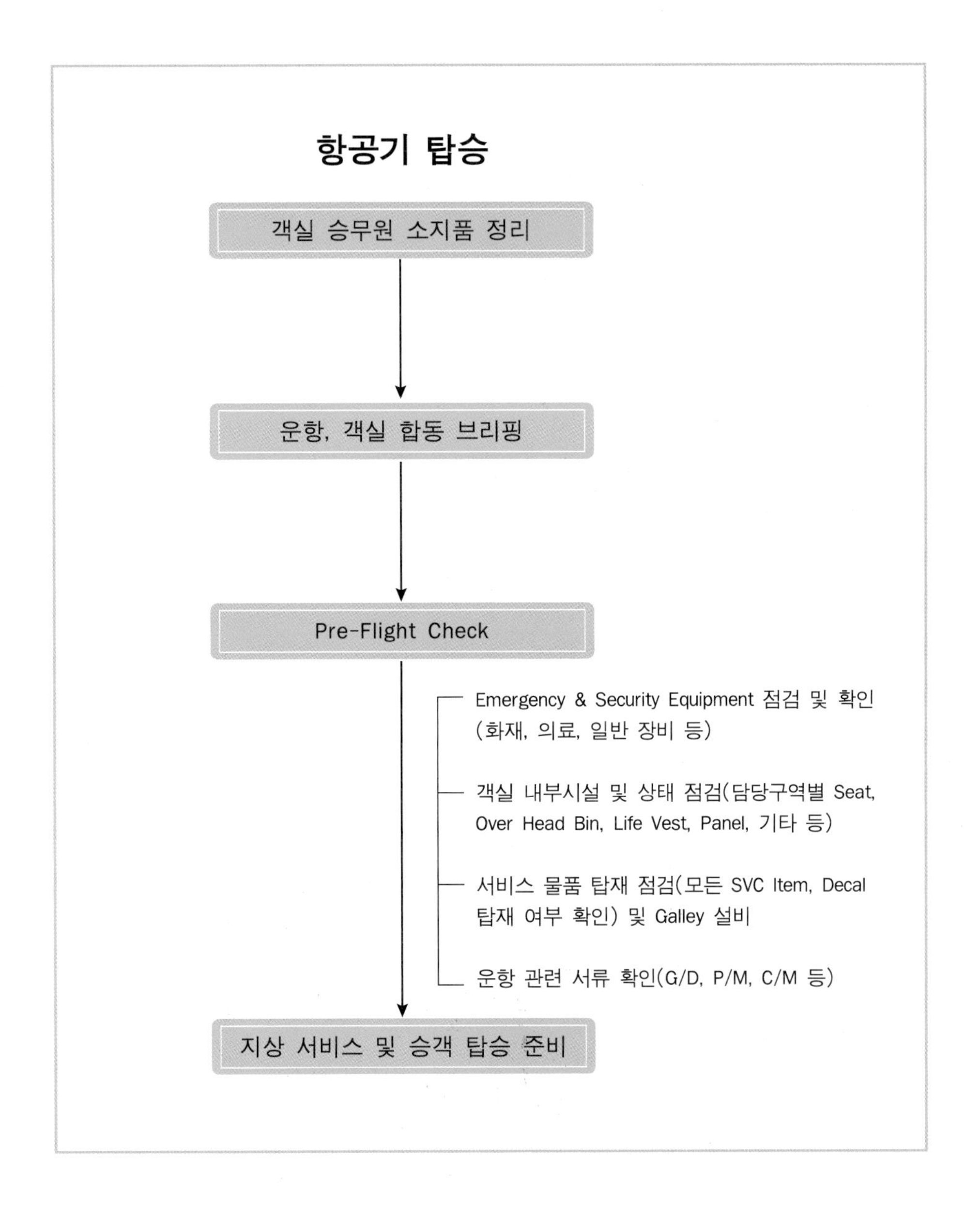


PART 7

승객 탑승
신문, 잡지 서비스
탑승 인사, 좌석 및 휴대 수하물 보관 안내
Ship Pouch 인수
Door Close
안전 관련 업무
이륙 준비상태 확인
승무원 착석
30 Second Review

승무원의 항공기 탑승

## 1. 승객 탑승전 업무

### 1) 승무원의 개인 소지품 정리

객실 승무원은 항공기 탑승 후 개인의 Flight Bag과 Hanger를 승무원 전용 Over Head Bin 또는 Coat Room, 각 Zone 최후방 좌석 하단에 고정시켜 보관하며, 보관시 승객의 안전과 편의를 최우선으로 한다.

비행 중 필요한 개인용품은 Galley 주변 Compartment내에 보관한다. 승객에게 불편을 끼치는 승객 좌석 주변이나 안전에 저해가 되지 않도록 비상구 주변에는 방치하지 않도록 한다.

### 2) 합동 Briefing

### 3) Pre-Flight Check

전 객실 승무원은 항공기 탑승부터 승객 탑승 전까지 각자 맡은 바 Duty에 따라 담당 구역별로 비상, 보안 장비의 작동 상태 및 정위치 확인(항공사별 Check List 운영), 그리고 기타 장비 및 System 점검 후 서비스 준비를 하고 이상 유무를 사무장에게 보고한다.

#### (1) Emergency & Security Equipment 점검 및 확인

- 기타 안전 장비 점검, 유해 물질의 탑재 여부 및 상태 점검
- 만약을 대비 Safety Demonstration 용구 준비

PART 7

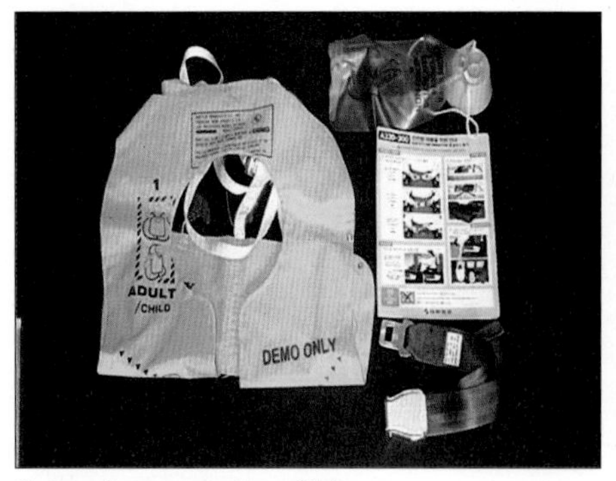

Safety Demonstration 용구

### (2) 승객 좌석 및 주변 점검 및 확인

- 좌석 하단 Life Vest 정위치 장착 여부 확인
- Call Button, Reading Light, Air Ventilation 작동 상태 확인
- 승객의 Meal Table 고정 상태 확인
- Head Rest Cover 등 좌석 주변 청결 상태 확인
- Seat Pocket 내용물(기내지, 구토대, Instruction Card 등)

승객 탑승 전 정돈된 Head Rest Cover

### (3) Cabin 점검

- Galley 및 Class 별 Divide Curtain, Coatroom, Aisle 등 좌석 주변 청결 상태 확인

- Lavatory 청결 및 작동 상태 : Flushing 작동, Water Faucet, Call Button, Smoke Detector, 휴지통 덮개 작동 여부 등을 확인
- Over Head Bin 확인(기종에 따라 Open 한다)
- Public Address Test 및 Monitor, Boarding Music Volume, Pre-Recording 안내 방송, 객실 내 Light Control, 온도 조절 장치, 항공기 내 급수 상태 확인(Potable Water) 등의 Station Panel 점검 확인

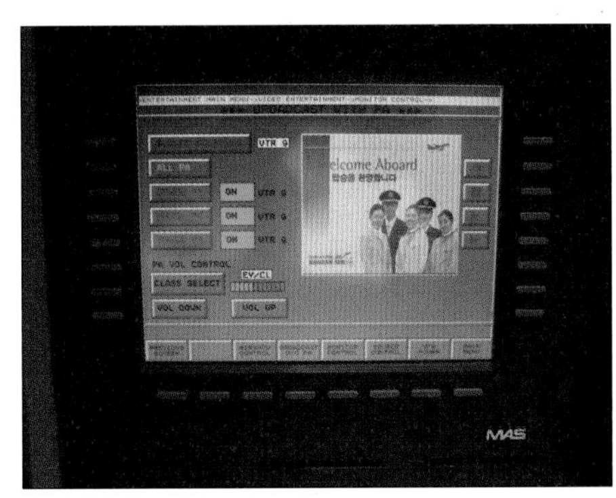


사무장의 Station Panel



### (4) Gallery 점검

- 각 Compartment 청결, 정위치 탑재 여부 및 정돈 상태 확인
- Coffee Maker, Water Boiler 작동 상태 여부 및 Air Bleeding[4]

### (5) 기내 식음료, 기물, 서비스 용품의 위치, 수량 및 상태 점검

- 기내식 : Meal Entree와 Tray, Special Meal 탑재 여부 확인
- 기내 음료 : Coffee & Tea류, 각종 Juice류, Soft Drink류, 생수, Milk류, 알코올 음료 등의 탑재 유무를 확인

---

4) Air Bleeding : Coffee Maker의 재사용시 기존의 기내 압력에 의해 공기가 차 있기 때문에 Hot Fauce로부터 기포가 없는 물이 나올 때까지 충분히 물을 빼내 주어 안에 차 있는 공기를 제거하는 것을 말한다. 반드시 Air Bleeding 을 하고 전원을 켜야 한다. 그리하지 않을 경우 과열로 인한 화재 발생 요인이 된다.

- 기물 : Coffee Pot, Tray, Muddler Box, Ice Basket, Bread Basket, 각종 Tong류 등을 확인
- SVC 용품 : Cocktail Napkin, Cart Mat, Tray Mat, Paper Cup, Plastic Cup, Muddler, Cream & Sugar, Plastic Bag, Time Table, Menu Book, Giveaway, 기타 등을 확인

### 4) 지상 서비스

- 신문은 제호가 보이도록 SVC Cart를 이용하여 준비한다. 잡지는 객실 내 구역별로 잡지꽂이를 이용하여 준비한다.

SVC Cart를 이용한 신문과 잡지꽂이를 이용한 잡지의 정리

- 화장실 용품 탑재 여부 확인(칫솔, 화장품, Kleenex, Roll Paper, Sanitary Napkin 등)
- 화장실 내의 Compartment를 이용하여 Extra의 화장실 용품을 사전에 Setting 한다.
- 담당 구역별의 승객의 수를 감안하여 충분한 각종 음료와 Beer, White Wine, 생수 등을 Chilling 한다.
- 각종 기물의 정리 정돈
- 기내 판매품 인수 및 기내 판매용 보조용품(계산기, 영수증, Shopping Bag 등)을 확인한다.

기내 판매품 인수 및 기내 판매용 보조용품

## 2. 승객 탑승시 업무

### 1) Welcome Greeting 인사

승객 탑승 바로 전, 전 승무원은 Appearance Check, Boarding Music On, 항공기 내에 방향제를 Spray 한 후, 개개인에게 Assign된 Welcome Position 위치에서 Stand-By의 완료와 동시에 실시한다.

승객의 탑승은 통상적으로 출발 30~40분 전에 실시함을 원칙으로 하며, 승객의 탑승권에 탑승 시간이 기재되어 있고 승객 탑승 순서에 의해 이루어진다. 일반적으로 국제선인 경우, 일등석과 이등석은 전용 탑승구를 이용하며, 일반석인 경우 객실 후방에 Assign된 승객이 먼저 탑승하도록 안내 방송을 한다. 하지만 운송 직원의 요청에 의해 Stretcher 승객이나 운송 제한 승객(Unaccompanied Minor, Wheel PAX), 노약자 등의 도움이 필요한 승객을 먼저 기내에 탑승토록 한다.

이때 승무원은 단정한 복장을 갖추고 Door 근처나 Aisle에 대기하여 밝은 표정과 함께 환영과 감사의 마음으로 정중하게 인사하며, 좋은 첫인상을 심어준다.

Welcome Greeting 인사

• 운송 제한 승객(Restricted Passenger Advice : R.P.A)

항공사측이 항공기의 안전상 또는 승객의 심신상의 이유로 항공사가 정한 일정 조건에 의하여 운송하는 승객을 칭하며, 기내에서 비행 중 승무원의 세심한 배려가 필요로 하다.

또한 운송 제한 승객뿐만 아니라 기내에서의 도움이 필요한 승객, 노약자, 임산부, 유아 동반자, 다수의 가족 동반 여행자 등에게 객실 승무원은 세심한 서비스가 더욱 더 요구된다.

- 좌석 안내 및 수하물 보관에 협조(유모차 등)
- 담당 승무원 소개
- 승무원 호출 버튼, 독서 등, 좌석 벨트 사용법, 화장실 위치 및 사용 방법의 설명
- 유아 동반자는 유아용 요람을 장착하고 기타 필요 용품의 주문여부를 확인하고, 유아용 기저귀 Board가 있는 화장실 위치 안내하며 비닐 백을 미리 제공한다.
- 모든 상황에 협조한다.

• Unaccompanied Minor(UM) : 비 동반 소아

생후 5세 이상, 만 12세 미만의 소아가 성인 동반자 없이 여행하는 경우를 말하며, 이때 객실 승무원은 가족과 같은 많은 관심과 배려가 필요하다.

- 비행 중 지속적인 관심을 갖는다(식음료 설명, 항공기 제원 설명 등).
- 어린이의 무료함을 해소하기 위해 Child Giveaway 또는 기내 도서를 제공한다.
- 기내의 시설물 사용법, 위치 및 기타 필요한 정보를 제공한다.
- 입국 서류 작성 및 확인
- 착륙전 수하물 정리 및 소지품 확인

• 보행 장애 승객(Wheel Chair 승객)

만약의 비상 사태에 대비하여 타인의 도움이 없이는 탈출이 불가능하므

로 기내에서의 지속적인 관심이 필요하며 화장실 등의 이동시의 도움, 기타 등으로 목적지까지 살핀 후 운송 직원에게 인계한다.

- 비행 중 불편함이 없는지 지속적인 관심을 갖는다.
- 입국 서류 작성 및 확인
- 착륙전 수하물 정리 및 소지품 확인
- 착륙후 사용 가능토록 Wheel Chair 사전 대기 요청하고, 하기시까지 모든 협조를 한다.

- 시각 장애인(Blind)

  성인의 동반 승객 또는 맹인 인도견이 동반하는 경우에는 정상 승객과 동일하나 동반이 없을 경우에는 운송제한 승객으로 분류된다.

  - 동반자가 없을 경우 : 기내의 시설물 사용 법, 위치 및 기타 필요한 정보 제공한다.
  - 기내식사 시 식사 내용에 대한 설명하고 필요시 협조한다.
  - 입국 서류 작성 협조 및 확인한다.
  - 착륙전 수하물 정리 및 소지품 확인한다.

## 2) 탑승 안내 및 승객 수하물 정리

### (1) 탑승 안내

객실 승무원은 각자 정해진 Zone에서 탑승객에게 인사와 함께 좌석 안내를 실시하며, 그 방법은 다음과 같다.

- 승객의 탑승권을 보고 날짜, 편명, 이름, 좌석 번호를 확인한다.
- 좌석의 여유가 있는 경우에도 원칙적으로 탑승권의 좌석에 착석토록 안내한다.
- 좌석이 중복 되었을 때에는 우선 정중히 사과하고, 즉시 사무장에게 보고하며 재배정을 요청한다.

PART 7

재배정시에는 좌석의 여유가 있을 때에는 승객의 선호 좌석으로 하며 안내를 한다.

### (2) 수하물 안내

- 기내 반입된 수하물은 가벼운 것은 Overhead Bin에 보관하고 무거운 것은 좌석 밑에 보관하며, 부피가 큰 것은 Coat Room 또는 Restraint Bar가 설치된 좌석 밑에 보관한다.
- 휴대 수하물은 승객이 직접 관리하며, 분실이나 파손에 대해서는 책임지지 않는다.
- 승무원은 적정 장소에 보관할 수 있도록 안내하며, 도움이 필요한 승객에게는 도움을 제공한다.
- 승객의 안전을 위해 Overhead Bin에 보관된 물품이 떨어지지 않도록 보관상태를 철저히 확인한다.
- 비상 사태를 대비하여 비상구 주변이나 통로에는 일체의 짐을 방치할 수 없다.
- 탑승 중 초과 휴대 수하물 발견시에는 운송직원을 통해 일반 화물로 조치한다.
- Transit Passenger의 승무원에게 보관된 수하물은 인수인계에 철저해야 한다.

### (3) 기내 반입 제한 품목(SRI : Safety Restricted Item)

출발 수속 중 보안 검색을 통해 발견된 총포류, 도검류, 가위, 송곳, 톱, 골프채, 건전지, 다량의 액체류 등 안전 및 보안을 위해할 가능성이 있는 물품으로써 기내 반입이 불가한 품목을 말한다.

기타 안전상의 이유로 폭발성 물질, 인화성 액체, 액화/고체 Gas, 독극물, 전염성 물질 등은 위탁 수하물이나 휴대 수하물로 불가하다.

## 3) 지상 서비스 및 기내 식음료 준비

승객 탑승 후 이륙하기 전에 승객에게 제공되는 서비스로 항공사별, Class별로 차이가 있다.

### (1) 신문 서비스

항공사별 차이가 있으며, 일부 항공사는 GLY 선반에 비치하며, 일부 항공사는 Bridge 접속 부분 또는 Step Car에 SVC Cart를 이용하여 승객이 직접 고르도록 안내한다.

### (2) Welcome Drink

First Class나 Business Class에서는 Welcome Drink를 제공하며, 특정 구간에서 따라 Economy Class에서도 Welcome Drink를 제공하는 경우가 있다(종전 대한항공의 하와이 호놀룰루에서 항공기 탑승과 함께 Guava Juice로 Welcome Drink Service를 사례로 둘 수 있다).

PART 7

## 4) 출국 Document 인수

Ship Pouch는 지상직원으로부터 출국에 필요한 여객 및 화물 운송 관련 Document, Flight Coupon 및 Transit Without Visa(TWOV)[5], UM, 환자가 있을 시의 관련서류 등을 인수하고, 객실 사무장은 도착지의 Entry Document(출입국 카드, 세관신고서, 검역설문서) 탑재 여부 및 탑재량을 확인한다.

이때 탑승객 전반에 대한 Information 자료인 Special Handling Request(SHR)[6]을 인수 받아, 맡은 바 구역별로 알려 서비스시 적극 활용토록 한다.

---

5) TWOV(Transit Without Visa) : 항공기를 갈아타기 위해 짧은 시간 체재하는 경우에는 Visa를 요구하지 않는 경우를 말한다.

6) SHR(Special Handling Request) : 항공기에 탑승한 승객에 대한 정보 및 비행 관련 모든 정보가 기재된 자료를 표기한 List이다. 이는 승무원에게 있어 대고객 서비스 활용에 중요한 자료이며 정보인 것이다.

- 해당 편수, 날짜, 출발지, Class별 탑승 가능 인원, 비상구 좌석 위치

- 승객의 인적 사항
  - 개인별 인적 사항
  - VIP, CIP, UM, 환자, 단체, 특별식 주문 승객, 기내판매 사전주문 승객
  - Wheel Chair

- Vacant Seat
  - 해당편의 빈 좌석

- Block Seat
  - 판매하지 않는 좌석

- Special Passenger Summary
  - 일목요연한 승객의 정보

- Supplementary Information
  - 해당편 후 최종 목적지로서 연결편 승객 명단.

Special Handling Request상에 표기되는 것은 항공 용어, 항공 약어, 각 도시 및 공항 Code, 항공사 Code 등으로 객실 승무원은 반드시 숙지해야 한다.

KE0906 24JUL FRA PASSENGER INFORMATION

CONFIGURATION EX FRA 12/27/336

---

ALL NO SMOKING ROWS

---

EMERGENCY EXIT SEATS

F CLASS

C CLASS

Y CLASS

| | |
|---|---|
| ROW | 20 H J |
| ROW | 21 A B |
| ROW | 40 A B C H J K |
| ROW | 50 A B C H J K |

---

F CLASS TOTAL PAX 011

| | |
|---|---|
| *** 좌석번호/목적지 | *** 01A/ICN *** |
| 성 명 | MR LEE/JAE YOUNG |
| 직 책 | T : DAE PYO I SA |
| 회 사 | O : HAN GUG(JU) |
| 항공사 이용실적 | S : BK 1234567 * MMC |
| | 360 TIMES 1234567 MILES |
| 다음 SKD 편수, 일자, CLASS, 예약 | N : KE751 25JUL NGO F OK |
| 생년월일 | D : 450101 |
| 최종 탑승일자 노선 편수 | F : 2000/07/15 KE905 ICNFRA |
| 기타(COMMENT) | C : I/U/F |

---

PART 7

| | | | |
|---|---|---|---|
| C CLASS | TOTAL PAX 028 | | |
| 07A/ICN | MR HONG/KIL DONG | | |
| | (GWA JANG/(JU) HAN GUG | | |
| | BK 6543210 | 457 TIMES | 1906565 MILES |
| | FINAL OBD : 20OO/07/15 KE905 | | |
| | *** MORNING CALM PREMIUM *** | | |
| 10J | MR BIERINEGER/ANDREA | 1 TIMES | 5360 MILES |

---

| | |
|---|---|
| Y CLASS | TOTAL PAX 336 |
| 22A/ICN | MR LEE/KIL DO |
| | *** HAPPY BIRTH TO YOU *** |
| 30H/ICN | MR KIM/DUK SOO |
| | # GTR # |
| 32C/ICN | MS KIM/DONG SOON |
| | # WCHR # |
| 34D/ICN | MS OH/DONG CHOO |
| | # IFS # |
| 32C/ICN | MR PARK/CHUL SOO |
| | # WCHR # |
| 45B/ICN | MS KIM/DONG SOON |
| | # UM # |
| 51H/ICN | MS NOH/HAE JOON |
| | # VGML # |
| 60H/ICN | MR CHOI/HYUN KYOO |
| | SUBLOAD STAFF |

---

BLOCK SEAT

F SEATS BLOCKED EX FRA

NIL

C SEATS BLOCKED EX FRA

NIL

Y SEATS BLOCKED EX FRA

NIL

---

SPECIAL PASSENGER SUMMARY

| | | |
|---|---|---|
| C CLASS | MP | 7A |
| Y CLASS | IFS | 34D |
| | GTR | 30H |
| | WHCR | 32C |
| | UM | 45B |
| | VGML | 51H |

---

SUPPLEMENTARY INFORMATION

T/S PAX STATUS

| | | | | |
|---|---|---|---|---|
| KE0705/NRT/1840 | 33H | SEKIZUWA/NORI | 41G | ABE/YUMIKO |
| | 40H | ABE/KIYORI | | |
| KE0781/FUK/1740 | 30A | NAKAHARA/TOMO | | |
| KE0823/AKL/2115 | 53D | MARLIANI/JANA | | |
| KE1127/PUS/1530 | 54F | CHOI/HYUNGMOK | | |
| KE1505/RSU/1600 | 63A | MATR/MARKUS | | |

PART 7

### 5) Door Close

객실 사무장은 승객 탑승 완료 후, 지상직원으로부터 탑승 완료 시점을 통보 받은 즉시 지상 직원과 승객 탑승 완료를 재확인 하고 아래 사항을 확인한 후 기장에게 최종 탑승 인원을 보고하며, 기장의 동의하에 Door를 Close 한다.

- 승무원 및 승객의 숫자 확인
- 출국 Document(Ship Pouch)의 이상 유무 확인
- 추가 Order된 서비스 용품 탑재 여부 확인
- Weight & Balance의 Cockpit 전달 확인
- 지상 직원의 잔류 여부 확인
- 전 승객 착석 여부 확인

Door Close 확인

## 3. DOOR CLOSE, PUSH-BACK 및 이륙 준비

### 1) Safety Check

Safety Check는 항공기의 지상 이동 및 운항 중에 비상 사태시 대처할 수 있도록 Door Close한 후 Boarding Bridge 또는 Trap이 항공기에서 분리된 직후에, 사무장이 방송을 통해 Safety Check 지시를 하면 브리핑시 업무 할당을 받은 승무원은 Door별로 Slide Mode를 변경하는 것을 말한다.

Safety Check 완료

이미 Door Close 방송이 시작하면 승무원은 다음 사항의 제반 안전 활동 수행을 마친다.

- 비상구의 좌석 착석 상태
- 승객의 Seat Belt착용 상태 확인
- 좌석 등받이, Meal Table 및 Armrest 원위치
- 승객 휴대 수하물 및 각종 유동 물질에 대한 고정 재확인
- Door Side 및 Aisle Clear 상태 확인

Slide Mode를 변경 후 Right Side와 Left Side 담당자는 Cross Check하여 사무장에게 최종 보고하고, 이를 기장에게 'Push Back 준비 완료 보고' 를 하면 항공기를 이동하기 시작한다.

PART 7

### 2) Welcome Announcement 실시 및 인사

Safety Check 결과 보고 후 방송 담당자는 Welcome 방송을 시작한다. 이때 전 승무원은 담당 Zone 전방에 Stand-By하여 Welcome 방송에 맞추어 자연스럽게 승객을 향해 환영이 담긴 인사를 실시한다.

Welcome 방송시에 상황에 맞는 인사말, 도시별 특성 문안, 단체에 관련 호칭 등으로 현실감 있는 인사가 승객에게 좋은 인상을 심어주고 있어 이를 응용하는 항공사가 많다.

### 3) Safety Demonstration

환영 방송에 이어 항공기가 지상 이동을 위해 Push Back한 직후, 항공 규정에 의한 의무 규정으로 객실 승무원은 운항 구간마다 비행 안전 및 비상 사태를 대비하여 구명복 및 산소마스크의 사용법을 Video Projector를 이용하여 Tape을 상영하거나 사무장의 방송에 맞추어 승무원이 직접 실시하여야 한다.

실시 내용은 다음과 같다.

- Seat Belt 사용법
- Emergency Exit Door 위치
- Life Vest 위치 및 사용법
- O2 Mask 위치 및 사용법
- 전자기기 사용 금지[7] 안내

객실 승무원의 시범

## 4) Take-Off전 최종 안전 점검

전 객실 승무원은 이륙 준비를 위해 전체적으로 담당 구역별 이륙전 안전 업무를 실시한다.

### (1) **이륙 전 안전 업무**

- 객실 및 Gallery 내의 유동물을 고정시킨다(Overhead Bin 닫힘 상태, Cart, Compartment, Curtain).

7) 전자기기 사용 금지 : 항공기 내에서 이착륙이나 비행 중에 전자 제품의 사용을 제한하는 것은, 전자 제품의 작동시 전자파 발생으로 항공기의 무선기기와 항법 장치에 주파수 간섭과 공진 현상을 일으켜 안전운항에 저해가 되기 때문이다.
* 기내 사용 금지 품목 : 휴대용 전화기, 송수신 기능의 무전기, 무선 조종 장난감, 휴대용 TV, AM/FM Radio 등
* 이착륙시 금지 품목 : CD Player, 디지털 카세트 테이프 Player, 게임기, 개인용 컴퓨터, 비디오 레코더 등(2014년 3월부터 해제 조치)

- 화장실 내의 시설물 고정 및 점검
- **객실 조명 조절** : 객실의 조명은 비행 중 객실의 상황에 따라 조정이 가능하며, 비상시 외부 환경 적응에 즉각 대응하도록 안정성을 고려한 것이다. 객실 조명 Control은 사무장이 주관하며, 시점별로 객실 조명 상태 유지를 한다.

- 항공기의 객실 조명은 Full Bright, Dim, Off 3단계로 구분되어 있다.
  - Full Bright : 승객의 탑승 및 하기, 식사 서비스
  - Dim : 이륙전, 착륙전, 장거리 비행시 휴식 후 2nd 서비스 시작전
  - Off : 승객 휴식 및 영화 상영

  객실 조명 조절 때에는 급작스러운 조절은 피하고 계단식의 조명 연출이 필요하다.

### 5) 승무원 착석

최종적으로 안전 점검이 끝난 승무원은 구역 별 배정되어 있는 위치에 착석을 하며, 반드시 Shoulder Harness를 착용하고 'Critical 11'[8]을 대비하여 30 Seconds Review[9]를 실시한다.

---

8) Critical 11 : 항공기는 이륙 3분과 착륙 8분 동안이 전체 사고의 78%를 차지하는 위험성을 가지고 있는 결정적 순간을 뜻한다.

9) 30 Seconds Review : 항공기 이 · 착륙시에 만일의 비상사태를 가상하여 자신이 취해야 할 행동을 30초 동안 머릿속으로 액션 시나리오를 가상하여 Review 하는 것을 말한다.

① 충격 방지 자세의 명령(Brace for Impact) : 비상시 승객의 위험을 최소화하기 위해 머리와 몸을 숙이는 자세를 취한다.

② 승객의 통제(Passenger Control)

③ 판단 및 조정(Judgement & Coordination) : How to open the door? 및 비상 장비 위치, 도움이 필요한 사람 기타 등

④ 대피(Evacuation) : 비상구 개방 후 승객들을 효과적으로 탈출시킬 것인가에 대한 방법과 절차를 생각한다.

## 제3절 이륙 후 업무 절차와 기준

노선별, 비행시간에 따라 서비스 절차와 기내식 제공 시점이 상이함으로 비행전 반드시 숙지하여야 한다.

### 1. Galley Briefing

객실 승무원은 원활한 서비스를 위해 시작전 각 Zone별 Galley 내에서 Briefing을 실시하며, 그 사항은 다음과 같다.

- 탑승객의 Information
- Meal의 내용 및 수량
- Special Meal의 내용 및 수량
- 서비스 내용 및 방법
- 서비스시 유의 사항
- 기타 특이 사항 등을 상호 재점검 한다.

### 2. Headphone 서비스

- 개인 Duty Zone의 승객 수를 파악한다
- 승객의 수에 따라 Serving Cart를 이용하거나 Tray를 이용하여 유동적으로 서비스 한다.
- 도움이 필요하다고 판단되는 승객에게는 사용법을 설명해 드린다.

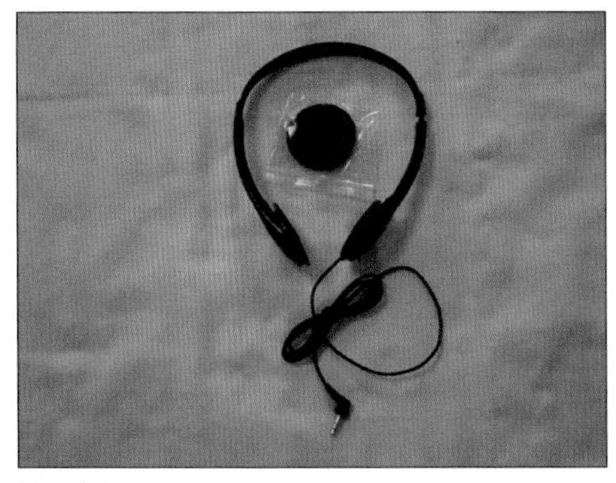

Headphone

## 3. Food & Beverage 서비스

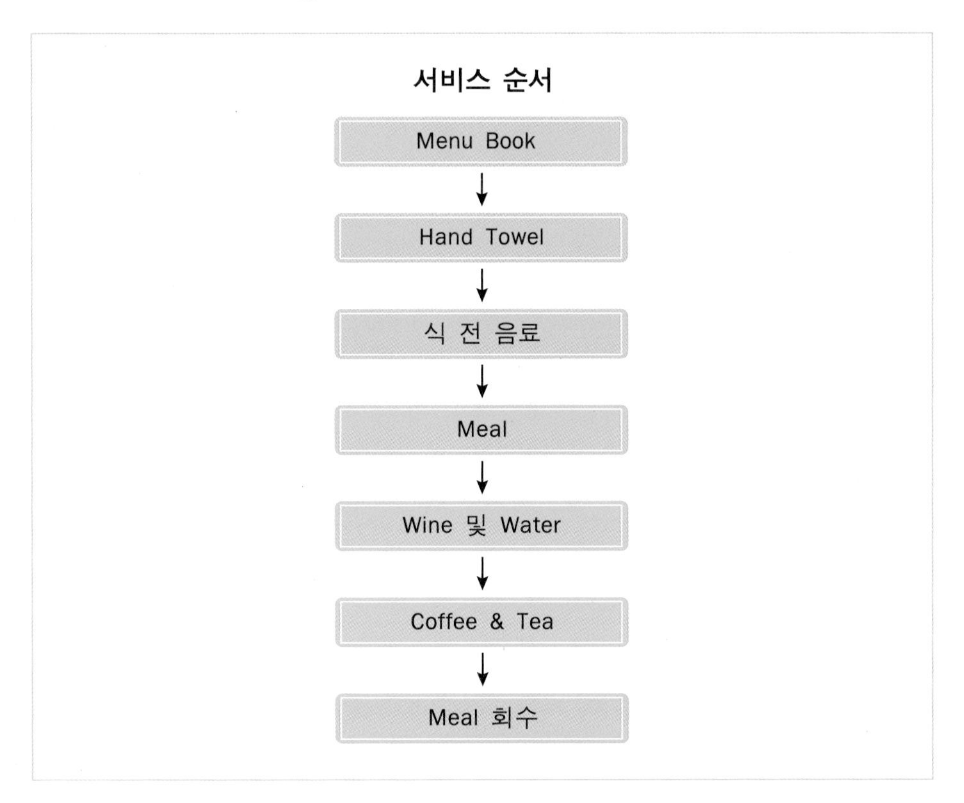


### 1) Menu Book 서비스

- Menu Book의 탑재 위치, 청결 상태, 수량 등을 Pre-Flight Check시 확인한다.

- 담당 객실 승무원은 해당 구역의 승객 수만큼 준비한다.
- 1인 1매의 개인 서비스 한다.
- Menu Book Cover가 승객 정면으로 오도록 한다.
- Menu의 내용 및 조리 방법을 숙지하여 승객의 질문에 응대하여 선택의 도움을 준다.

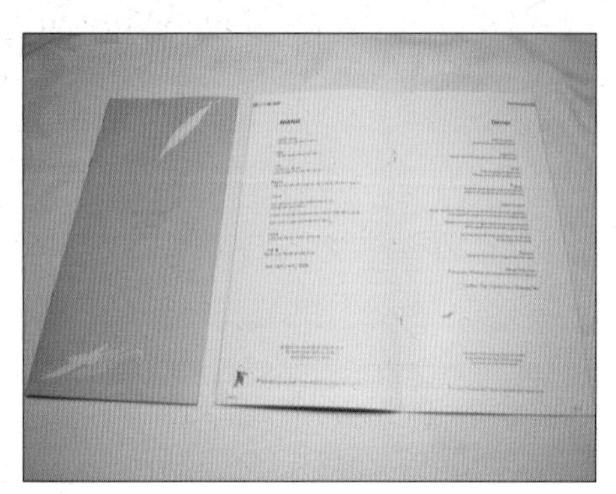

Menu Book

## 2) Hand Towel 서비스

Towel은 Cotton Towel과 Disposal(일회용) Towel로 구분한다.

### (1) Cotton Towel

- Towel의 Heating 시간은 기종에 따라 차이가 있으며 Towel Pack을 Oven에 넣고 약 20~25분 정도로 뜨겁게 데운다.
- 서비스 전에 온도, 습도, 냄새 등을 Check한 후 Basket에 담고 은은하게 Eau De Toilette을 뿌린다.
- Towel 서비스시 또는 회수시에는 반드시 Towel Tong을 사용한다.
- 회수된 Towel은 정위치에 보관하여 기착지에서 하기토록 한다.
- 잔량은 Oven에 다시 넣고, 원하는 승객에게 제공 및 Personal Touch시 활용한다.

#### (2) Disposal(일회용) Towel

Towel Basket을 이용하여 손으로 집어 하나씩 서비스하며, 회수시에는 승객이 직접 Basket에 담을 수 있도록 하며 Towel Tong을 사용하지 않으며 서비스 전에 습도를 확인한다.

### 3) 식전 음료 서비스

식사 전의 음료 서비스는 식욕을 돋우는 역할을 하는 Aperitif의 개념으로, 항공사에 따라 서비스 방법에 약간의 차이는 있으나 대체적으로 출발 시간과 비행시간, 그리고 식사 시간대에 따라 Tray 또는 음료 카트를 이용하여 서비스한다.

Tray를 이용한 음료 서비스

#### (1) 음료 종류

- 식수 : Pure Water, Mineral Water
- Coffee류 & Tea류
- Juice류
- Soft drink : Coke & 7up
- Alcohol : 주류

#### (2) 대표적인 Cocktail 종류

- Scotch Soda
- Bourbon Coke
- Gin Tonic
- Screw Driver
- Bloody Mary 등

#### (3) Service 요령

- PAX에게 제공되는 음료의 종류를 설명한 후 주문 받는다.
- Beer, Wine류는 차갑게 Chilling된 상태로 서비스하며, 탄산 음료류는 얼음을 넣어 차갑게 제공한다.
- Beverage는 승객의 Meal Tray Table 위에 반드시 Cocktail Napkin을 깐 후 서비스한다.
- Liquor Cart에 준비되지 않은 음료는 사전에 Galley에서 별도로 준비하여 서비스하며, 기내에서 서비스되지 않은 음료 Order시에는 양해를 구하고 다른 음료를 권한다.
- 서비스 흐름에 따라 2회 충분히 Refill한다.
- 식사 2회 이상 서비스시에는 Hot Beverage도 같이 SVC한다.

### 4) Meal 서비스

기내식은 비행 중에 승객에게 제공되는 음식으로써 항공기 출발전 항공의 Catering에 의해 고유의 음식을 이용하여 Galley에 보관하였다가 승객에게 서비스한다.

Meal 서비스

#### (1) Menu Type

- 양식 Tray 서비스
- 한식 비빔밥 서비스

#### (2) 식사 제공 횟수

- 6시간 이하 비행－1회
- 9시간 이상 비행－2회
- 12시간 이상 비행－3회

### (3) 식사 서비스시의 유의 사항

- 서비스전 손을 깨끗이 한다.
- 복장, 용모, 머리를 단정히 한다.
- Entree 내용 및 SVC 시간에 맞추어 Heating 및 Setting의 시점을 조절한다. 빵의 Warming도 동일하다.
- Meal의 내용, 조리 방법 등을 사전에 숙지한다.
- 승객 수에 맞게 Wine의 Breathing을 위해 Open하여 둔다.
- 맡은 바 Zone의 승객 수와 Meal Tray수를 맞추어 준비한다.
- Meal 서비스시 식사에 관한 간단한 대화를 나눈다.
- 선택된 식사가 손님에게 제대로 전달되도록 신경 써서 분배한다.
- 서비스 순서는 일반적으로 원칙을 우선하지만 어린이, 노약자, 여자, 남자의 순으로 서비스한다.
- 식사시 가장 바쁘다는 이유로 승객의 Side Order에 소홀해서는 안 된다.
- 승객에게 불쾌한 행동에 주의하여야 한다.

  사례 : – Meal Tray를 승객의 머리 위로 전달하는 행동
  – Meal Tray에 놓을 때 소리 내는 행동
  – Meal Tray를 2개 이상 취급하는 행동 등

## 5) Wine 및 물 Refill 서비스

- Meal Tray 서비스 후 Cart를 Galley 내에 보관하고 뜨거운 음료 서비스 준비한다.
- 사전에 Wine의 품명 및 특성 등을 확인한 후, 동일한 순서로 물과 Wine 서비스를 Refill한다.
- 물과 Wine의 잔량이 1/3 이하 정도일 경우 Refill하며, 반드시 2회 이상 충분히 서비스한다.

PART 7

## Wine 서비스 요령

- 원하는 Wine을 선택 받는다.
- Label을 보여준다(간략히 Wine을 소개한다).
- 잔의 2/3까지 따른다.
- 따른 후에는 눈을 맞추고 미소를 짓는다.

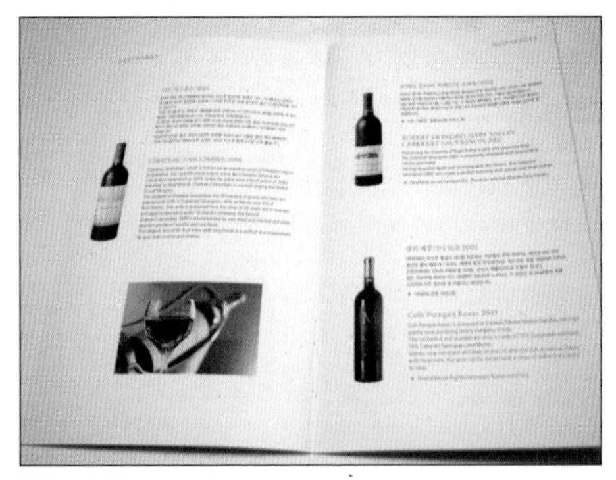
Wine List

### 6) Coffee & Tea 서비스

Coffee & Tea 서비스

- Coffee는 신선한 맛을 위해 서비스 직전에 Brew한다.
- Pot는 항상 청결 상태를 유지하도록 하며, 뜨거운 물로 데워 준비한다.
- 뜨거운 음료 서비스용 Small Tray에 설탕, Cream 등을 추가로 준비하며, Tea 서비스를 위한 Lemon Slice도 사전에 준비한다.
- 항상 뜨거운 상태를 유지한다.
- Refill은 반드시 한다.

### 7) Meal Tray 회수

- Meal Tray 회수는 승객의 90% 이상이 식사를 끝냈을 때 시작하며, 식사를 미리 끝낸 승객의 Meal Tray는 개별적으로 회수한다.
- 회수할 때에는 반드시 승객의 의사를 묻는다.

- Meal 서비스와 동일한 순서로 회수하며, 회수 때 깨끗하지 않은 승객 Table은 준비한 순서로 닦는다.
- 회수한 Tray는 Cart의 상단부에서부터 놓는다.
- 각 구역 및 통로의 회수 속도는 상황에 따라 다른 점에 유의하여 재촉하는 분위기가 없도록 하며 승객이 충분한 여유를 가지고 식사할 수 있도록 한다.

Meal Tray 회수

### 8) 식사 후의 업무 수행

- 승객의 좌석 주변 및 통로를 깨끗하게 정리 정돈한다.
- Seat Pocket 및 잡지꽂이를 정리한다.
- 화장실 내의 청결을 유지 및 칫솔 등 화장실 용품을 보충한다.
- Galley 내의 각 Compartment를 정돈하고, 기물을 정위치에 정리 정돈하고, 쓰레기 봉투를 정리한다.



## 4. 입국 서류

객실 승무원은 서비스 종료 후 승객의 입국 편의를 위해 항공기 도착전 목적지 국가의 입국 서류를 승객에게 배포하며 입국 서류에 대해 안내하고 작성에 협조한다.

입국 서류 작성 협조

## 5. In-Flight Sales

기내 면세품 판매는 대고객 서비스의 일환이라는 측면에서 항공사마다 기내 서비스의 큰 비중을 차지하고 있다.

기내 면세품 판매는 세계 유명 Brand의 다양한 Item으로 구성되어 있으며, 화장품, 주류, 담배, 향수, 액세서리, Pen류, 초콜렛 및 어린이용품 등을 면세로 판매하고 있다. 참고로 우리나라의 면세 허용 한도액이 $400이다.

KAL에서는 승객의 사전 주문 제도 및 귀국편 예약 주문 제도를 운영하여 승객에게 보다 나은 편의를 제공하고 있다.

기내 면세품 판매도 전체 객실 서비스의 일부이나, 휴식을 취하는 다른 승객에게 방해가 되지 않도록 해당 구역의 객실 조명만을 밝게 유지하는 형식으로 진행하는 것이 바람직하며, 객실 내의 서비스 공백이 생기지 않도록 주의하여야 한다.

## 6. Movie 상영 및 Walk Around

영화는 비행 시간에 따라 단편물의 상영물 내지는 Feature Movie 등의 다양한 종류로 상영하며, 이때 많은 승객이 휴식을 취할 수 있는 시간대이므로 승무원은 승객의 쾌적성과 안락함을 제공할 수 있도록 배려한다. 또한 개개인의 승객 욕구를 미리 찾아서 응대함으로 항공사 이미지에 커다란 역할을 할 수 있는 좋은 기회인 것이다.

### 1) 영화 상영

객실 승무원은 영화를 상영하기 전에 반드시 다음과 같이 준비 상태를 확인한다.

- 승객이 영화 관람 준비 상태가 되어 있는지를 확인한다.
- 사무장은 전 객실의 준비 상태를 확인한 후에 담당 구역(Zone)별로 객실 조명[10]을 단계적으로 조절한다.
- 주야 비행 시간대 영화 상영을 감안하여 Window shade close의 여부를 조절, 실시한다.

---

10) 객실 조명은 3단계로 구분 된다.
Full Bright : Welcome Greeting, Farewell, 식사 서비스시 등
Dim(Medium) : Take-Off, Approaching시 등
Off : 승객 휴식시

- 미수령 승객을 위해 Headphone을 재서비스한다.
- 안내 방송을 통해 사용 채널 및 영화 제목을 설명한다.
- 전 객실의 화면 상태를 점검한다.

### 2) Walk Around

서비스 종료 후 승객의 휴식 시간에 승무원이 일정한 간격으로 담당 구역을 정기적으로 순회하는 것을 말하며, 객실의 안전 유지 및 승객의 욕구 충족을 위해 항공 여행의 쾌적성을 도모하는 데 목적이 있다.

### 3) 항공 여행의 쾌적성

- 객실의 적정 온도는 섭씨 24도 ± 1도를 유지한다.
- 온도 조절은 Cabin Attendant Station Panel에서 조절한다.
- 객실 내에 온도 조절 장치가 없는 경우에는 Cockpit에 연락을 취한 후 조절한다.
- Screen 앞 승객이나 기타의 사유로 취침하지 못하는 승객을 위해 Slumber Mask를 제공한다.
- Galley 내의 작업, Cart의 이동, Walk Around를 위해 Aisle을 걸을 때, Curtain을 열고 닫을 때, Overhead Bin 열고 닫을 때에는 소음에 유의하여야 한다.

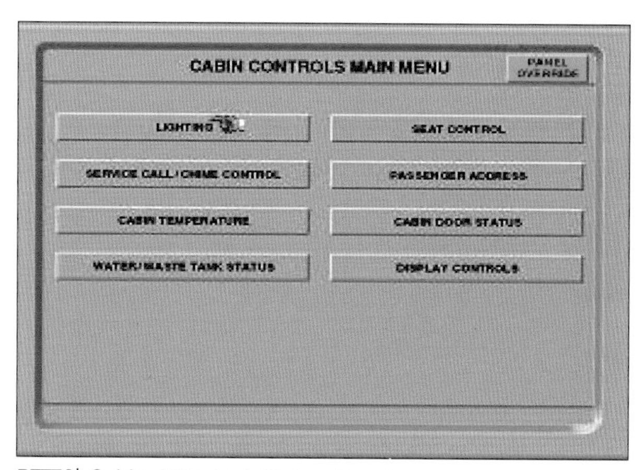


B777의 Cabin Attendant Station Panel

PART 7

Slipper, 칫솔, Slumber Mask

(1) Crew Rest

- 비행 시간이 10시간 이상인 직항편의 경우, 승무원의 교대가 없을 때 사무장은 기내 서비스 절차를 고려하여 Crew Rest를 2개조로 편성, 운영한다.
- Crew Rest 중 승무원은 개인적인 여가 활동을 할 수 없으며, 다음 근무를 위해 충분한 휴식을 취해야 한다.

(2) Crew Bunk

- B747－400, B777－200, A330－200 등 일부 기종에는 침대 타입의 휴식 공간이 있어 승무원이 장거리 비행중 교대로 휴식을 취할 수 있다. 모든 신 중형기종 이상은 Crew Bunk를 제작하여 공급하고 있다.

A330 Bunk

- 근무조 승무원은 휴식조 승무원의 담당 구역에 공백이 생기지 않도록 비행 안전 및 승객 서비스에 만전을 기해야 하며, Crew Rest가 끝난 승무원은 자신의 용모, 복장을 재점검하고 승객을 대할 수 있는 자세로 근무에 임해야 한다.

## 7. 각종 Document 정리

### 1) 서비스 용품 Inventory 및 List 작성

Inventory List는 출발편(Out-bound Flight)에서 착륙전 서비스 용품의 잔량을 점검하여 인수인계 하는 것으로, 부족량에 대한 Item을 사전 Order하여 입국편(In-bound Flight)이나 다음 편(Next Portion)에 원활한 서비스를 제공하기 위해 참고토록 작성하는 모든 서비스 물품에 대한 재고량 서류이다.

### 2) Liquor Inventory 및 List 작성

일부 국가의 세관 규정(Customs)에서는 Liquor류의 Inventory List[11] 작성을 요구하고 있으므로, Item Inventory List 이외에 정확한 Liquor Inventory List 서류 작성이 필요하다.

### 3) 작성할 때의 유의 사항

Inventory는 작업의 정확성을 기하기 위해 모든 서비스가 끝난 후 서비스 물품 잔량을 파악하는 것이므로 아직 서비스 절차가 남아 있는 경우에는 도착 잔여 시간, 서비스 횟수, 당일 승객 취식도 등을 감안하여 물품 소모량을 추정하여 1차적으로 파악하고 2차 서비스까지 끝난 후 최종적으로 정확히 정리하는 것이 중요하다.

---

11) Inventory List : 다음 구간 및 왕복편에 사용하게 될 모든 서비스 물품, Liquor 등의 재고량을 파악하여 인계함으로, 부족량에 대해 미리 Order하여 Refill된 상태로 다음 구간 서비스에 차질 없도록 하기 위해 작성하는 List를 말한다.
일부 항공사에서는 서비스 물품에 대해서 객실 승무원의 Workload를 줄이기 위해 Inventory List 작성이 아닌 Standard Loading 하고 있다.
Liquor Inventory List는 미국, 영국, 일부 중동 국가 입국시 작성하여 제출을 해야 한다.

## 4) 승객 관련 서류 업무

### (1) Cleaning Coupon

- 비행 중 급격한 기류 변화 또는 승객이나 승무원의 실수로 인해 승객의 의류가 오염 또는 훼손되었을 경우에 제공하며 해당편 사무장이 발급한다.

### (2) Passenger Mail

- 승객이 기내에 탑재된 편지지나 엽서를 이용하여 작성한 Mail은 항공사의 부담으로 우송되며, 사무장은 접수된 Passenger Mail을 Passenger Service Request Envelope에 넣어 도착지 공항의 지상 직원에게 인계한다.
- 승무원은 기내에서 승객으로부터 의뢰받은 Passenger Mail이 분실 또는 훼손되지 않도록 유의해야 한다.

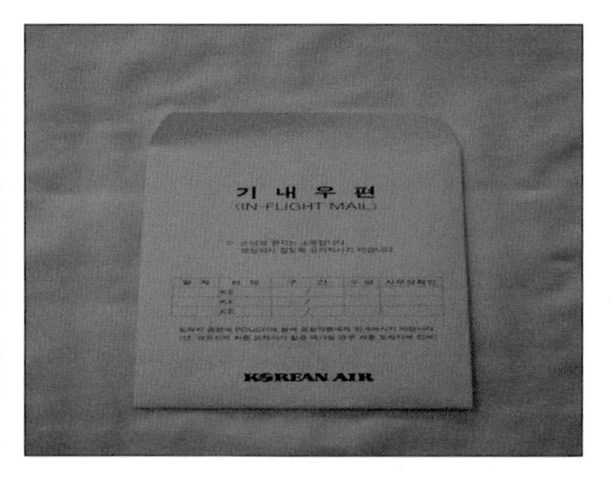


Post Card와 Envelope

### (3) 고객 제언서(Suggestion Letter)

- 고객 제언서는 승객으로부터 회사의 대고객 서비스에 대한 평가를 받고 문제점의 발견을 통해 서비스의 개선 및 향상을 기하는 데에 그 목적을 두고 기내에 비치해 놓은 승객 의견서이다.

Suggestion Letter

- 비행 도중 승객의 고객 제언서 기입에 적극 협조하고 회수된 서신이 임의 개봉되거나 분실되지 않도록 한다.
- Passenger Mail과 동일한 요령으로 보관하여 인계한다.

## 제4절 착륙 전 업무 절차와 기준

### 1. 착륙 안내 방송

기장의 착륙 안내 방송 후에 객실 내의 Approaching Sign 표시등이 점등되면 방송 담당 객실 승무원은 착륙 안내 방송을 실시한다.

경유지, 연결편의 해당편이 있는 경우에는 경유지 공항 안내 방송과 연결편에 관련된 도착 안내 방송도 실시한다.

PART 7

### 2. 객실 정리

전 객실 승무원이 담당 구역(Zone)별로 확인할 내용은 다음과 같다.

- Headphone, 잡지 등 객실에 비치된 물품을 회수하고, 정 위치에 보관한다.
- 승객 좌석의 주변, Seat Pocket, 베개, 모포, 신문 잡지 등을 정리한다.
- 화장실 승객 사용 여부를 확인하고 정리정돈한다.
- 승객으로부터 의뢰받은 보관물품을 반환한다.
- 담당 구역별로 승객의 착륙 준비를 점검한다.

### 3. Galley 정리

- Galley내 모든 서비스 Item의 정리 및 인수인계 준비를 한다.
- Dry Item Inventory List, Liquor Inventory List 및 In-Flight Sales List를 최종 작성한다.

- 기내에 탑재된 모든 주류 및 면세품을 Compartment에 넣고 Sealing & Locking을 한다.
- 착륙에 대비하여 Galley내의 모든 Compartment를 철저히 Locking한다.

## 4. 승객 입국 서류 재확인

- 각 구역의 담당 객실 승무원은 먼저 배포한 도착지 입국에 필요한 서류의 작성 여부를 담당 구역별로 재확인하고, 승객의 미비한 서류 작성을 돕는다.
- 특히 도움이 필요한 승객의 입국 서류 작성에 적극 협조한다.

## 5. 착륙 전 기내 안전 점검

이륙 전과 마찬가지로 전 객실 승무원은 담당 구역별로 비행 안전에 대비하여 착륙 준비를 재확인 해야 하며, 다음 사항을 확인 및 점검한다.

- 승객의 착석, 좌석 벨트 착용 상태를 점검하고 좌석 등받이 및 Tray table, Armrest, Footrest를 정 위치로 하며 취침 중인 승객은 깨운다.
- 비상구 근처 및 통로의 정리 상태를 Check한다.
- 승객 휴대 수하물 및 유동 물품의 고정을 확인한다.
- 객실 내의 시설물 안전 상태를 점검하고 유동물(Overhead Bin 닫힘 상태)을 재확인 한다.
- 전자기기의 사용 금지를 안내한다.
- Galley내 탑재 물품 및 모든 Compartment, Cart 등 유동 물질의 닫힘과 잠김 상태를 확인하고 커튼을 고정시킨다.
- 화장실 점검 및 승객의 사용 여부를 확인하고, 각 Compartment 잠금 상태와 화장실 내부 비품 및 변기 덮개가 고정되었는지 확인한다.
- 상기 사항이 모두 확인되면 객실의 조명을 조절한다.

## 6. 승무원 착석

안전한 착륙을 위한 기내 점검이 끝나면 객실 승무원도 지정 좌석에 착석한다.

# 제5절 착륙 후 업무 절차와 기준

## 1. Taxing중 업무

- 승객의 착석을 유지한다.
  - 승객들의 안전을 위해 Taxing 중에는 반드시 착석을 유지하도록 안내하고, 전 객실 승무원도 승객과 동일하게 착석한다.
- 착륙 후 Farewell 방송을 실시한다.
  - 방송 담당자는 착륙 후 엔진의 역회전(Engine Reverse)이 끝난 시점에 Farewell 방송을 실시한다.
- 항공기가 완전히 정지한 후 기내 조명을 충분한 밝기로 조절한다.

PART 7

## 2. Safety Check 및 Door Open

- Slide Mode를 저상 위치로 변경 실시한 후 확인한다.
  - 항공기가 완전히 정지한 후 사무장의 방송에 맞추어 전 객실 승무원은 Slide Mode를 변경하고, 좌우 상호 확인한 후 사무장에게 유선 보고한다.
- Seat Belt Sign이 꺼졌는지 확인한다.
- 사무장은 좌석 벨트 착용 사인이 꺼진 것을 확인한 후 지상 직원에게 Door Open을 허가하는 사인을 주어 지상 직원이 문을 열도록 한다.
- Door Open후 사무장은 지상 직원에게 Ship Pouch를 인계와 동시에 특별 승객, 운송 제한 승객 등 업무 수행에 관한 필요 사항을 전달한다.
- C.I.Q 관계 직원에게 입항 서류를 제출한다.

- 승객 하기는 공항 당국의 허가를 얻은 후 실시해야 한다.
- 사무장은 하기 방송을 실시한다.

## 3. 승객 하기

승객 하기는 다음과 같은 순서로 진행한다.

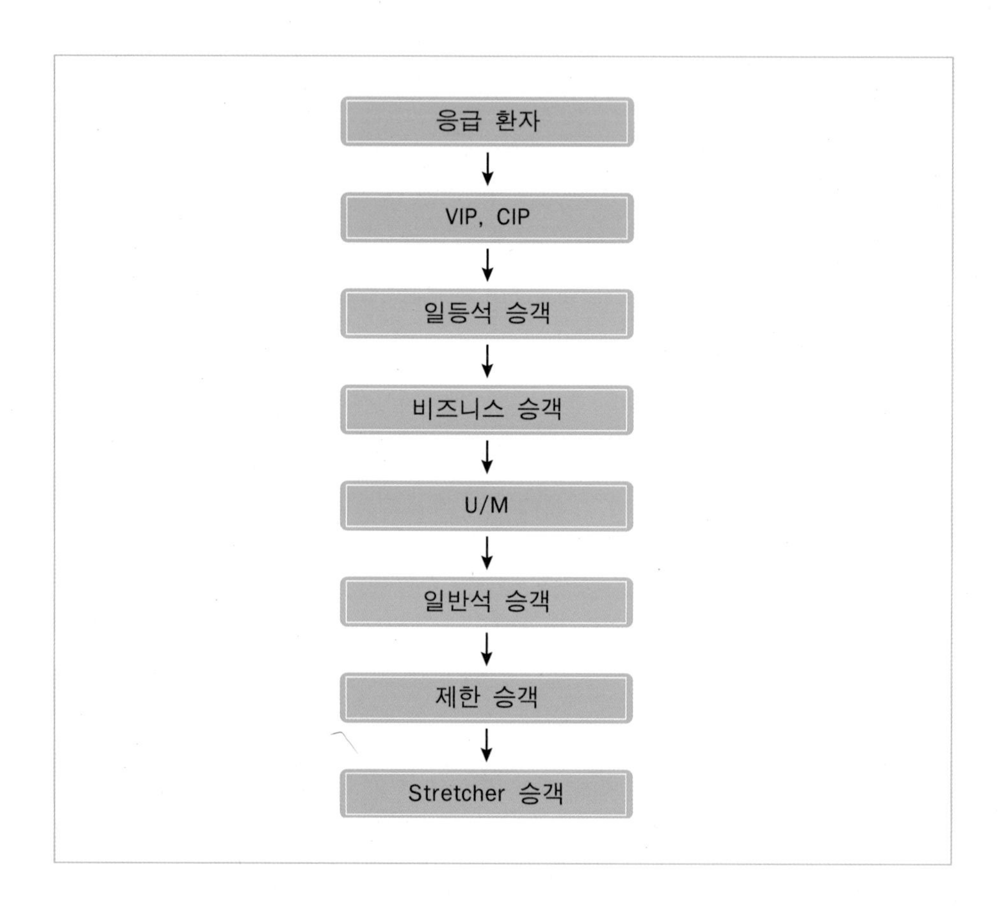


승객 하기시 객실 승무원은 해당 Class별, 구역별로 각자의 담당 구역에서 승객에게 감사의 인사를 하고 승객 하기가 순조롭게 진행되도록 협조한다.

사무장이 지정한 객실 승무원은 탑승구에서, 기타 객실 승무원은 착석 위치에서 하기 인사를 한다.

## 4. 기내 점검

- 잔류 승객이 있는지 확인한다.
- 승객 좌석 주변, Overhead Bin, Coat Room, 화장실 등에 승객 유실물이 있는지 확인한다.
- 회수되지 않은 화장실 용품, Headphone, 잡지 등 기내 용품을 재확인하여 전량 회수한다.
- Slide Mode 위치(정상 위치)를 재확인한다.
- 각각의 승무원은 담당 Zone별로 기내 보안 점검을 실시한다.
- 보고 및 Logging을 한다.

## 5. 도착시 인수인계 업무

### 1) 서비스 물품 인계

- 서비스 물품을 기내 지정된 위치 및 탑재원에게 최종적으로 인계한다.
- Liquor는 Liquor Cart나 Carrier Box에 넣어 Seal하고 'Liquor Seal Number 인수인계서'를 작성하여 탑재원에게 인계한다.
- 기물은 서울 출발 때 탑재된 Cart나 Carrier Box에 보관한다.
- 기타 서비스 용품은 미하기에 따른 중복 및 과잉 탑재를 방지하고, Compartment 등에 장기간 방치된 서비스 용품의 변질 및 손실을 방지하기 위하여 기내 비치용 기물을 제외한 모든 서비스 용품을 Galley 선반 등 하기가 용이한 위치에 보관한다.

### 2) 기내 판매품 인계

기내 판매 담당 객실 승무원은 판매품 잔량을 기적 상황에 의거, 담당 지상 직원에게 정확히 인계한다.

PART 7

## 6. 승무 종료 후의 처리 업무

### 1) Cabin Report

객실 승무원은 비행 근무 중에 발생한 특이 사항이나 업무 수행상 개선이 필요하다고 판단되는 사항에 대해 Report를 작성할 수 있다.

비정상 상황 발생 때의 상황 문제 및 조치 사항 등을 정확하게 작성, 보고하면 된다.

보고서의 내용은 다음과 같다.

- 서비스 개선을 위한 제언 및 건의 사항
- 승객의 불만 사항 및 기내 서비스 중 문제 발생 상황
- 정상적이지 못한(Irregular) 항공기 운항 및 비상 사태 등 사건 발생
- 지원 업무 관련 사항

### 2) Debriefing

- 승무 종료 후 사무장은 필요시 Debriefing을 실시할 수 있다.
- Debriefing은 서비스시 발생한 제반 문제점에 대한 상호의견 교환 등을 통해 좀더 나은 서비스를 위한 대비 사항을 주제로 한다.
- 간단하게 실시하며, 필요시에는 서울 해외 체재의 호텔, 중간 기착지 항공기 기내 등에서 실시한다.

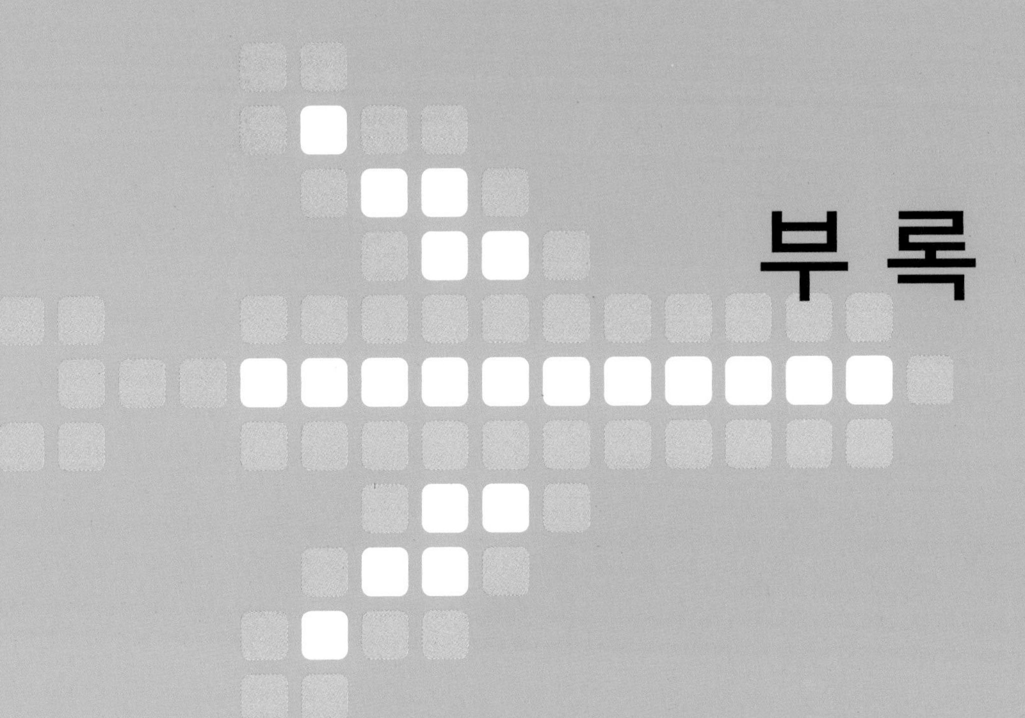

# 부 록

A380
A380

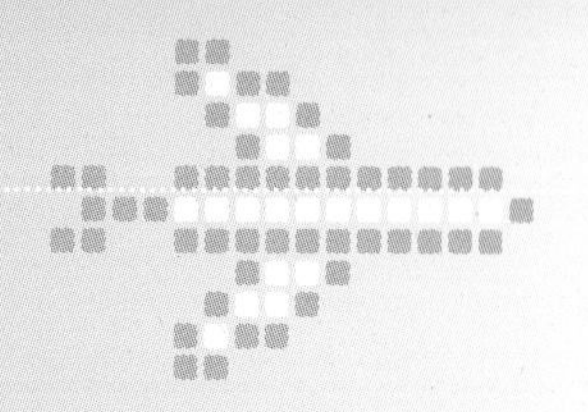

# 1. 공항 및 도시 CODE

## AMERICA REGION STN CODE

| APO | AIRPORT NAME | CT | CITY | COUNTRY |
|---|---|---|---|---|
| ANC | Anchorage | ANC | Anchorage | U.S.A |
| ATL | Hartsfield Atlanta | ATL | Atlanta | U.S.A |
| BOS | General Eaward Lawrence Logan | BOS | Boston | U.S.A |
| BUE | Buenos Aires | BUE | Buenos Aires | ARGENTINA |
| DEN | Denver | DEN | Denver | U.S.A |
| DFW | Fortworth | DAL | Dallas | U.S.A |
| DTW | Detroit | DTW | Detroit City | U.S.A |
| EWR | Newark Int'l | NYC | New York | U.S.A |
| GIG | InternacionalL | RIO | Rio De Janeiro | BRAZIL |
| GRU | Guarulhos | SAO | Sao Paulo | BRAZIL |
| HNL | Honolulu | HNL | Honolulu | U.S.A |
| IAD | DULLES | WAS | Wasington D.C | U.S.A |
| JFK | John. F. Kennedy | NYC | New York | U.S.A |
| LAS | Las Vegas | LAS | Las Vegas | U.S.A |
| LAX | Los Angeles | LAX | Los Angeles | U.S.A |
| LGA | Laguardia | NYC | New York | U.S.A |
| MIA | Miamil | MIA | Miami | U.S.A |
| MEX | Mexico City | MEX | Mexico City | MEXICO |
| MSP | Minneapolis. ST. Paul | MSP | Minneapolis | U.S.A |
| ORD | O'hare | CHI | Chicago | U.S.A |
| ORL | Orlando | ORL | Orlando | U.S.A |
| PHL | Philadelphia | PHL | Philadelphia | U.S.A |
| SEA | Tacoma | SEA | Seattle | U.S.A |
| SCL | Santiago | SCL | Santiago | CHILE |
| SFO | San Francisco | SFO | San Francisco | U.S.A |
| YVR | Vancouver | YVR | Vancouver | CANADA |
| YYZ | Lester. B. Pearson | YYZ | Toronto | CANADA |

## JAPAN REGION STN CODE

| APO | AIRPORT STN | CT | CITY | COUNTRY |
|---|---|---|---|---|
| AOJ | Aomori | AOJ | Aomori | JAPAN |
| AXT | Akita | AXT | Akita | JAPAN |
| CTS | New Chitose | SPK | Sapporo | JAPAN |
| FUK | Fukuoka | FUK | Fukuoka | JAPAN |
| FSZ | Shizuoka | FSZ | Shizuoka | JAPAN |
| HIJ | Hiroshima | HIJ | Hiroshima | JAPAN |
| HKD | Hakodate | HKD | Hakodate | JAPAN |
| HND | Haneda | TYO | Tokyo | JAPAN |
| ITM | Itamil | OSA | Osaka | JAPAN |
| KIJ | Niigata | KIJ | Niigata | JAPAN |
| KIX | Kansail | OSA | Osaka | JAPAN |
| KKJ | kita kyushu | KKJ | kita kyushu | JAPAN |
| KOJ | Kagoshima | KOJ | Kagoshima | JAPAN |
| KMQ | Komatsu | KMQ | Komatsu | JAPAN |
| NGO | Nagoya | NGO | Nagoya | JAPAN |
| NGS | Nakasaki | NGS | Nakasaki | JAPAN |
| NRT | New Tokyo Narita Int'l | TYO | Tokyo | JAPAN |
| OIT | Oita | OIT | Oita | JAPAN |
| OKJ | Okayama | OKJ | Okayama | JAPAN |
| OKA | Naha | OKA | Okinawa | JAPAN |
| SDJ | Sendai | SDJ | Sendai | JAPAN |
| TKS | Tokushima | TKS | Tokushima | JAPAN |
| TOY | Toyama | TOY | Toyama | JAPAN |

## OCEANIA REGION STN CODE

| APO | AIRPORT STN | CT | CITY | COUNTRY |
|---|---|---|---|---|
| AKL | Auckland | AKL | Auckland | NEW ZEALAND |
| BNE | Brisbane | BNE | Brisbane | AUSTRALIA |
| CHC | Christchurch | CHC | Christchurch | NEW ZEALAND |
| MEL | Melbourne | MEL | Melbourne | AUSTRALIA |
| NAN | Nadi | NAN | Nandi | FIJI |
| NOU | Noumea | NOU | Noumea | NOUVELLE CALELDONIE |
| SYD | Kingsford Smith | SYD | Sydney | AUSTRALIA |

## EUROPE REGION STN CODE

| APO | AIRPORT STN | CT | CITY | COUNTRY |
|---|---|---|---|---|
| ALA | Almaty | ALA | Almaty | KAZAKHSTAN |
| BCN | Barcelona | BCN | Barcelona | SPAIN |
| BRU | Bruten | BRU | Brussels | BELGIUM |
| BSL | Basel Euro Airairt | BS L | Basel | SWITZERLAND |
| CDG | Charles De Gaulle | PAR | Paris | FRANCE |
| CPH | Copenhagen | CRH | Copenhagen | DENMARK |
| DUB | Dublin | DUB | Dublin | IRELAND |
| FCO | Leonardo Davinchil Fiumicino | ROM | Rome | ITALY |
| FRA | Main | FRA | Frankfurt | GERMANY |
| HAM | Hamburg | HAM | Hamburg | GERMANY |
| HEL | Helsinki | HEL | Helsinki | FINLAND |
| IST | Istanbul | IST | Istanbul | TURKEY |
| LED | Saint Petersburg | LED | Saint Petersburg | RUSSIAN FED |
| LGW | London Gatwik | LON | London | U.K |
| LHR | Heathrow | LON | London | U.K |
| LIS | Lisbon | LIS | Lisbon | PORTUGAL |
| LUX | Luxembourg | LUX | Luxembourg | LUXEMBOURG |
| MAD | Barajas Int'l | MAD | Madrid | SPAIN |
| MUC | Munich | MUC | Munich | GERMANY |
| MXP | Malpensa | MIL | Milan | ITALY |
| ORY | Paris Orly | PAR | Paris | FRANCE |
| OSL | Oslo | OSL | Oslo | NORWAY |
| PRG | Prague | PRG | Prague | CZECHOSLOVAKIA |
| SPL | Schipol | AMS | Amsterdam | NETHERLANDS |
| STO | Stockholm | STO | Stock | SWEDEN |
| SVO | Sheremtyevo | MOW | Moscow | RUSSIAN FED |
| TAS | Tashkent | TAS | Tashkent | UZBEKISTAN |
| TXL | Tegel | BER | Berlin | GERMANY |
| VIE | Vienna Schwechat | VIE | Vienna | AUSTRIA |
| VVO | Vladivostok | VVO | Vladivostok | RUSSIAN FED |
| ZRH | Kloten | ZRH | ZURICH | SWISS |

## CHINA STN CODE

| APO | AIRPORT STN | CT | CITY | COUNTRY |
|---|---|---|---|---|
| CAN | Guangzhou | CAN | Guangzhou | P.R CHINA |
| CGO | Zhengzhou | CGO | Zhengzhou | 정저우 |
| CSX | Changsha | CSX | Changsha | 창사 |
| DLC | Dalian | DLC | Dalian | 다렌 |
| HGH | Hangzhou | HGH | Hangzhou | 항저우 |
| HKG | Chep Lap Kok | HKG | Hongkong | 홍콩 |
| HRB | Harbin | HRB | Harbin | 하얼빈 |
| KMG | Kunming | KMG | Kuhan | 쿤밍 |
| MDG | Mudanjang | MDG | Mudanjang | 무단장 |
| PEK | Beijing | BJS | Beijing | 베이징 |
| PVG | Pudong | SHA | Shaghai | 상하이 푸동 |
| SHA | Hong-Qiao | SHA | Shaghai | 상하이 홍차오 |
| SHE | Taoxian | SHE | Shenyang | 선양 |
| SYX | Sanya Pheonix | SYX | Sanya | 산야 |
| SZX | Shenzhen | SZX | Shenzhen | 선전 |
| TAO | Liuting | YAO | Qingdao | 칭다오 |
| TNA | Jinan | TNA | Jinan | 지난 |
| TSN | Binhail | TSN | Tianjin | 텐진 |
| TXN | Tunxi | TXN | Tunxi | 황산 |
| YNJ | Yanji | YNJ | Yanji | 옌지 |
| YNT | Yantai Laishan | YNT | Yantai | 옌타이 |
| XMN | Xiamen | XMN | Xiamen | 샤먼 |
| WEH | weihai | WEH | weihai | 웨이하이 |
| WUH | Wuhan | WUH | Wuhan | 우한 |

## AFRICA

| APO | AIRPORT STN | CT | CITY | COUNTRY |
|---|---|---|---|---|
| NBO | NAIROBI | NBO | NAIROBI | KENYA |
| JNB | JOHANNESBURG | JNB | JOHANNESBURG | SOUTH AFRICA |
| CPT | CAPETOWN | CPT | CAPETOWN | SOUTH AFRICA |

## ASIA STN CODE

| APO | AIRPORT STN | CT | CITY | COUNTRY |
|---|---|---|---|---|
| AUH | Abu Dabi | AUH | Abu Dabi | UAE |
| BAH | Bahrain | BAH | Bahrain | BAHRAIN |
| BKI | Kota kinabalu | BKI | Kota kinabalu | MALAYSIA |
| BKK | Banggok | BKK | Banggok | THAILAND |
| BOM | Sahar | BOM | Mumbai | INDIA |
| CAI | Cairo | CAI | Cairo | EGYPT |
| CEB | Cebu | CEB | Cebu | PHILIPPINE |
| CGK | Soekarto-Hatta | JKT | Jakarta | INDONESIA |
| CMB | Colombo | CMB | Colombo | COLOMBO |
| CNX | Chang Mai | CNX | Chang Mai | THAILAND |
| DAD | Danang | DAD | Danang | VIETNAM |
| DEL | Delhi | DEL | Delhi | INDIA |
| DHA | Dhahran | DHA | Dhahran | SAUDI ARABIA |
| DPS | Balil Ngurah Rai | DPS | Denpasa | INDONESIA |
| DXB | Dubai | DXB | Dubai | U.A.E |
| GUM | Guam | GUM | Guam | U.S.A |
| HAN | Hanoi | HAN | Hanoi | VIETNAM |
| HKT | Phuket | HKT | Phuket | THAILAND |
| JED | King Abdul Aziz | JED | Jeddah | SAUDI ARABIA |
| KHI | Karachi | KHI | Karachi | PAKISTAN |
| KTM | Kathmandu | KTM | Kathmandu | NEPAL |
| KUL | Subang-Kualalumpur | KUL | Kualalumpur | MALAYSIA |
| MFM | Macau | MFM | Macau | MACAU |
| MLE | Maldives Male | MLE | Maldives Male | MALE |
| MNL | Ninoy Aquno | MNL | Manila | PHILIPPINE |
| PEN | Penang | PEN | Penang | MALAYSIA |
| PNH | Phnom Penh | PNH | Phnom Penh | CAMBODIA |
| REP | Siem Reap | REP | Siem Reap | CAMBODIA |
| RGN | Yangon | RGN | Yangon | MYANMAR |
| ROR | Palau | ROR | Meiekeok | PALAU |
| SDA | Saddam | SDA | Baghdad | IRAQ |
| SGN | Tansonnhat | SGN | Hochimin | VIETNAM |
| SIN | Changi | SIN | Singapore | SINGAPORE |
| SPN | Saipan | SPN | Saipan | U.S.A |
| SFS | Subic | SFS | Subic | PHILIPPINE |
| THR | Tehran | THR | Tehran | IRAN |
| TIP | Tripoli | KYE | Tripoli | LIBYA |
| TLV | Ben Gurion | TLV | Tel Aviv | ISRAEL |
| TPE | Chiang Kai Shek | TPE | Taipei | TAIWAN |
| ULN | Buyan Ukhha | ULN | Ulaan Baatar | MONGOLIA |

## ■ DOMESTIC AIRPORT

| CODE | AIRPORT | CITY |
|---|---|---|
| CJU | JEJU INT'L | JEJU |
| CJJ | CHEONG JU INT'L | CHEONGJU |
| GMP | GIMPO | SEOUL |
| HIN | JINJU/SACHEON | JINJU |
| ICN | INCHEON INT'L | INCHEON |
| KPO | POHANG | POHANG |
| KUV | KUNSAN | KUNSAN |
| KWJ | GWANGJU | GWANGJU |
| MPK | MOKPO | MOKPO |
| PUS | BUSAN KIMHEA INT'L | BUSAN |
| RSU | YEOSU/SUNCHON | YEOSU |
| SHO | SOKCHO | SOKCHO |
| TAE | DAEGU | DEAGU |
| USN | ULSAN | ULSAN |
| WJU | WONJU/HOENGSONG | WONJU |
| YEC | YECHON/ANDONG | YECHON |
| YNY | YANGYANG INT'L | YANGYANG |

참고 : FNJ PYUNGYANG SUNAN INT' L PYUNGYANG

# 2. 항공사 CODE

## ■ 국내 항공사

| AIRLINE | COUNTRY | ICAO | IATA |
|---|---|---|---|
| AIR BUSAN | KOREA | ABL | BX |
| AIR SEOUL | KOREA | ASV | RS |
| ASIANA AIRLINES | KOREA | AAR | OZ |
| AIR PHILIP | KOREA | AVP | 3P |
| AIR POHANG | KOREA | PEC | PE |
| JEJU AIR | KOREA | JJA | 7C |
| JIN AIR | KOREA | JNA | LJ |
| EASTART JET | KOREA | ESR | ZE |
| KOREA AIR | KOREA | KAL | KE |
| T" WAY AIRLINES | KOREA | TWB | TW |

## ■ 국내 취항 항공사

| AIRLINE | COUNTRY | ICAO | IATA |
|---|---|---|---|
| AIR ASIA ZEST | PHLIPPINE | RIT | Z2 |
| AIR ASTANA | KAZAKSTAN | KZR | KC |
| AIR CALIN | NEW CALEDONIA | ACI | SB |
| AIR CANADA | CANADA | ACA | AC |
| AIR CHINA | CHINA | CCA | CA |
| AIR INDIA | INDIA | AIC | AI |
| AIR FRANCE | FRANCE | AFR | AF |
| AIR MACAU | CHINA | AMU | NX |
| AEROFLOT | RUSSIAN | AFL | SU |
| ALL NIPPON AIRWAYS | JAPAN | ANA | NH |
| AMERICAN AIRLINES | U.S.A | AAL | AA |
| ARAB EMIRATES AIRLINES | UAE | UAE | EK |
| ATLAS AIR | U.S.A | GTI | 5Y |
| CARGOLUX AIRLINES | LUXEMBOURG | CLX | CV |
| CATHAY PACIFIC AIRWAYS | CHINA | CPA | CX |
| CEBU PACIFIC AIR | PHLIPPINE | CEB | 5J |
| CHINA AIRLINES | TAIPEI | CAL | CI |
| CHINA CARGO AIRLINES | CHINA | CKK | CK |
| CHINA EASTERN AIRLINES | CHINA | CES | MU |
| CHINA HAINAN AIRLINES | CHINA | CHH | HU |
| CHINA POSTAL AIRLINES | CHINA | CYZ | 8Y |
| CHINA SOUTHERN AIRLINES | CHINA | CSN | CZ |
| CZECH AIRLINES | CZECH | CSA | OK |
| DELTA AIRLINES | U.S.A | DAL | DL |
| EVA AIRLINES | TAIPEI | EVA | BR |
| FEDERAL EXPRESS | U.S.A | FDX | FX |
| FINN AIR | FINLAND | FIN | AY |
| GARUDA INDONESIA | INDONESIA | GIA | GA |
| IRAN AIR | IRAN | IRA | IR |
| JADE CARGO AIRLINES | CHINA | JAE | JI |
| JAPAN AIRLINES | JAPAN | JAL | JL |
| HONGKONG AIRLINES | CHINA | AHK | LC |
| HONGKONG EXPRESS AIRLINES | CHINA | HKE | UO |
| KLM-ROYAL DUTCH AIRLINES | NETHERLAND | KLM | KL |

| AIRLINE | COUNTRY | ICAO | IATA |
|---|---|---|---|
| LUFTHANSA GERMAN AIRLINES | GERMANY | DLH | LH |
| MALAYSIA AIRLINES | MALAYSIA | MAS | MH |
| MIAT MONGOLIAN AIRLINES | MONGO | MGL | OM |
| NIPPON CARGO AIRLINES | JAPAN | NCA | KZ |
| NORTHWEST AIRLINES | U.S.A | NWA | NW |
| ORIETAL THAI AIRLINES | THAI | OEA | OX |
| PHLIPPINE AIRLINES | PHLIPPINE | PAL | PR |
| PHUKET AIRLINES | THAILAND | VAP | 9R |
| POLAR AIRCARGO | U.S.A | PAC | PO |
| QATAR AIRWAYS | QATAR | QTR | QR |
| SAKHALINSKIE AVIATION | RUSSIAN | SHU | HZ |
| SANDONG AIRLINES | CHINA | CDG | SC |
| SHANGHAI AIRLINES | CHINA | CSH | FM |
| SHENZHEN AIRLINES | CHINA | CSZ | ZH |
| SINGAPORE AIRLINES | SINGAPORE | SIA | SQ |
| SKYSTAR AIRWAYS CO. LTD | THAILAND | SKT | XT |
| THAI AIRWAYS INTERNATIONAL | THAILAND | THZ | TG |
| TURKISH AIRLINES | TURKISH | THY | TK |
| UNI AIR | TAIPEI | UIA | B7 |
| UNITED AIRLINES | U.S.A | UAL | UA |
| UPS | U.S.A | UPS | 5X |
| UZBEKISTAN AIRWAYS | UZBEKISTAN | UZB | HY |
| VIETNAM AIRLINES | VIETNAM | HVN | VN |
| VLADIVOSTOK AIR | RUSSIAN | VLK | XF |
| XIAMEN AIRLINES | CHINA | CXA | MF |

## ■ 기타

| AIRLINE | COUNTRY | ICAO | IATA |
|---|---|---|---|
| AIR EUROPE | ITALY | PEC | PE |
| AIR NEW ZEALAND | NEW ZEALAND | ANZ | NZ |
| ALITALIA | ITALY | AZA | AZ |
| ALTYN | KAZAKSTAN | LYN | QH |
| ASIAN SPIRIT | PHLIPPINE | RIT | 6K |
| BRITISH AIRWAYS | U.K | BAW | BA |
| CONTINENTAL AIRLINES | U.S.A | COA | CO |
| DALAVIA FAR EAST AIRWAYS | RUSSIAN | KHB | H8 |
| FAR EASTERN AIR TRANSPORT | TAIPEI | FEA | EF |
| JAPAN AIR SYSTEM | JAPAN | JAS | JD |

| AIRLINE | COUNTRY | ICAO | IATA |
|---|---|---|---|
| KAZAKHSTAN AIRLINES | KAZAKSTAN | KZA | K4 |
| KYRGHYZSTAN AIRLINES | KAZAKSTAN | KGA | K2 |
| LION AIR | INDONESIA | LNI | JT |
| MITA-MONGOLIAN AIRLINES | MONGOLIA | MGL | OM |
| NIPPON CARGO AIRLINES | JAPAN | NCA | KZ |
| POLAR AIR CARGO | U.S.A | POL | PO |
| QANTAS AIRWAYS | AUSTRALIA | QFA | QF |
| ROYAL KHMER AIRLINES | CAMBODIA | PMT | RK |
| SAUDI ARABIA AIRLINES | SAUDI ARABIA | SVA | SV |
| SCANDINAVIAN AIRLINE SYS | SWEDEN | SAS | SK |
| SICHUAN AIRLINES CO. LTD | CHINA | CSC | 3U |
| SKYMARK AIRLINES | JAPAN | SKY | BC |
| SWISS AIR | SWISS | SWR | SR |
| THAI SKY AIRLINS | THAILAND | TKY | 9I |
| TRANS AIR | U.S.A | SRT | P6 |
| UNI AIRWAYS CORP | TAIPAI | UIA | B7 |
| UNITED PARCEL SERVICE | U.S.A | UPS | UX |
| VASP | BRAZILE | VSP | VP |
| VIRGIN ATLANTIC | U.K | VIR | VS |

## 3. MINISTRY

| CODE | EXPLANATION | KOREAN |
|---|---|---|
| MSIP | Ministry of Science, ICT and Future Planning | 미래창조과학부 |
| MOE | Ministry Of Education | 교육부 |
| MOFA | Ministry of Foreign Affairs | 외교부 |
| MOTIE | Ministry of Trade, Industry & Energy | 산업통상자원부 |
| MOGEF | Ministry of Gender Equality & Family | 여성가족부 |
| MOGAHA | Ministry Of Government Administration and Home Affairs | 행정자치부 |
| MOJ | Ministry Of Justice | 법무부 |
| MND | Ministry of National Defense | 국방부 |
| MOSF | Ministry of Strategy and Finance | 기획재정부 |
| UNIKOREA | Ministry of Unification | 통일부 |
| MCST | Ministry of Culture, Sports and Tourism | 문화체육관광부 |
| MAFRA | Ministry of Agriculture, Food and Rural Affairs | 농림축산식품부 |
| MW | Ministry of Health & Welfare | 보건복지부 |
| MOEL | Ministry of Employment and Labor | 고용노동부 |

| CODE | EXPLANATION | KOREAN |
|---|---|---|
| MOLIT | Ministry of Land, Infrastructure and Transport | 국토교통부 |
| ME | Ministry of Environment | 환경부 |
| MPSS | Ministry of Public Safety and Security | 국민안전처 |
| MPM | Ministry of Personnel Management | 인사혁신처 |
| MPVA | Ministry of Patriots and Veterans Affairs | 국가보훈처 |
| MOLEG | Ministry of Government Legislation | 법제처 |
| MFDS | Ministry of Food and Drug Safety | 식품의약품안전처 |

# 4. SEAT

| CODE | EXPLANATION |
|---|---|
| NSSA | No Smoking Seat X Aisle Seat |
| NSSB | No Smoking Seat X Bulkhead Seat |
| NSST | No Smoking Seat |
| NSSW | No Smoking Seat X Window Seat |
| SMSA | Smoking Seat X Aisle Seat |
| SMSB | Smoking Seat |
| SMSW | Smoking Seat X Window Seat |

# 5. MEAL

| CODE | EXPLANATION | KOREAN |
|---|---|---|
| AVML | Asian Vegetarian Meal | 동양채식 |
| AVLML | Asian Lacto Vegetarian Meal | 동양채식/+유제품 |
| AVSML | Strict Asian Vegetarian Meal | 동양채식/-유제품 |
| IVML | Indian Vegetarian Meal | 인디안 채식 |
| IVLML | Indian Lacto-Vegetarian Meal | 인디안 채식/+유제품 |
| IVSML | Strict Indian Vegetarian Meal | 인디안채식/-유제품 |
| BBML | Baby/Infant Meal | 유아식(2세 미만) |
| BLML | Bland Diet/Soft Meal | 소화식 |
| CHML | Child Meal | 소아음식 |
| CHHAML | Child Hamburger | 소아음식(햄버거) |
| CHHOML | Child Hot Dog | 소아음식(핫도그) |
| CHSPML | Child Spaghetti | 소아음식(스파게티) |
| DBML | Diabetic Meal | 당뇨식 |
| DYML | Dairy Meal | 유제품식 |

| CODE | EXPLANATION | KOREAN |
|---|---|---|
| FPML | Fruit Plate | 과일식 |
| FSML | Fish Meal | 생선식 |
| GFML | Gluten Free Meal | 글루텐 제한식 |
| HFML | High Fider Meal | 잡곡, 야채, 해조류식 |
| HNML | Hindu Meal | 힌두교도식 |
| KSML | Kosher Meal | 유태인식 |
| KSCML | Kosher Meal/CHX | 유태인식(치킨) |
| KSBML | Kosher Meal/Beef | 유태인식(비프) |
| SKML | Strictly Kosher Meal | 유태인식/메하드린 타입 |
| MMML | Mealmart Brand Meal | 유태인식/글래트코셔 |
| LCML | Low Calorie Meal | 저 열량식 |
| LFML | Low Fat/Cholesterol | 저 열량식/심장질환자 |
| LPML | Low Protein Meal | 저 단백식 |
| LSML | Low Salt/Sodium Meal | 저 염식 |
| MOML | Moslem Meal | 회교도식 |
| NLML | No Diary/No Milk Meal | 비유제품식 |
| OVML | Oriental Vegetarian Meal | 동양조리채식 |
| OVLML | Oriental Lacto Vegetarian Meal | 동양조리채식/+유제품 |
| ORML | Oriental Meal | 동양식 |
| PRML | Low purine/Acid Meal | 저 요산식 |
| PWML | Post Weanling Meal | 이유식 |
| RVML | Raw Vegetarian Meal | 생채식 |
| SFML | Sea Food Meal | 해산물식 |
| VGML | Pure Vegetarian/No Dairy N Egg | 채식/-유제품 |
| WVML | Western Vegetarian Meal | 서구채식 |
| WVLML | Western Vegetarian Lacto Meal | 서구채식/+유제품 |
| VLML | Lacto Vegetarian Meal(Dairy-Egg Ok) | 채식/+유제품 |
| MAML | Anniversary Cake | 기념 케익 |
| MBML | Birthday Cake | 생일 케익 |
| MHNL | Honeymoon Cake | 신혼 케익 |
| MVML | Von Voyage Cake | 여행 케익 |
| NBML | No Beef Meal | 소고기 금기식 |
| NSML | No Salt Meal | 비염식 |
| NFML | No Fried Food | 기름조리 금기식 |
| NEML | No Egg Meal | 계란 금기식 |
| NMML | No Red Meat Meal | 적육 금기식 |
| NOML | No Oil Food | 기름사용 금기식 |
| NPML | No Pork Meal | 돈육 금기식 |
| NGOML | No garlic/Onion | 마늘양파 금기식 |

## 6. S.H.R COMMENT

| COMMENT | EXPLANATION |
| --- | --- |
| //NN ADD DATA// | Non Additional Data |
| YHK | "Y" Confirm |
| MISCON | Misconnection |
| AVTH | Animal Hold |
| AAS TCP15 | AAS 여행사의 단체 15명 |
| BLND | Blind Passenger |
| BULK | Bulk Baggage |
| CBBG | Cabin Baggage |
| CKIN | Check-In의 약자. |
| FMLY//O | Family Care 승객으로 Old 승객 |
| FRM DL 15 LAX | 로스앤젤레스부터 Delta 항공 15편으로 옴. |
| FRAV | First Available |
| I/U SBY | Involuntary Up Grade Stand By 승객.(비 자발적 U/G 대기자) |
| ID00 | 100% 할인 직원 Ticket |
| INAD | Inadmissible Passenger |
| MAAS | Meet & Assist |
| MEDA | Medical Care |
| MIC | Missed Interline Connection |
| MR | 성인 남성 |
| MRS | 결혼한 여성 |
| MS | 미혼 여성 |
| MSTR | 만 12세 미만의 어린이 |
| MTO | Main Ticket Office |
| NO-REC | 예약 기록 없음 |
| PETC | Animal In Cabin |
| PPT | Passport |
| PRC | People's Republic Of China |
| PSBL | Possible |
| RCFM | Reconfirmation |
| RQST | Seat Request |
| TG00 | Tour Guide 100% Free TKT |
| TS771 | 771편으로의 연계 |
| UM10 | 10세 된 미 동반 소아 |
| VISA HLD | 비자 소지자 |
| VLD26AUG/07 | 2007년 8월 26일까지의 유효기간 |
| WBAG | Excess Baggage |

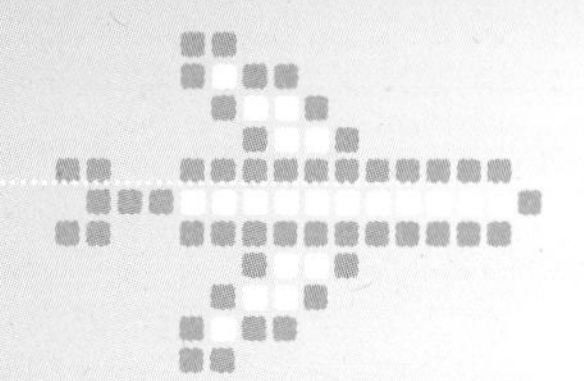

# 7. 주요 항공 용어 및 약어

- A/C(Aircraft)
  항공기.

- ACK(Acknowledge)

- ACL(Allowable Cabin Load)
  객실 및 화물칸에 탑재 가능한 최대 중량.

- ADDRESS
  5~6자리로 구성된 예약Code.

- AED(Automated External Defibrillator)
  자동심실제동기.

- A.E.R(Aviation Enforcement Regulation)
  대한민국 항공법시행규칙으로 항공정책 수립 및 국적항공기에 대한 관련규칙을 수록해 놓은 법규.

- AFT(After)
  항공기 내부에서 조종석으로부터 뒤쪽을 말한다.

- AGT(Agent)

- Air Show
  비행 중 승객에게 해당 편의 각종 비행정보를 제공하는 시스템을 말한다. 비행 속도, 고도, 현재 위치, 목적지까지의 거리, 현지 시각, 잔여 시간, 외부 온도 등을 알려 준다.

- Air Ventilation
  항공기에 신선한 공기를 공급하고 환기시키는 장치.

- **Aisle**
  객실 복도 또는 통로.

- **ALT(Altitude)**
  해수면으로부터 비행하고 있는 항공기까지의 수직 높이.

- **APIS(Advance Passenger Information System)**
  출발지 공항 항공사에서 예약, 발권시 승객의 필요 정보를 미 법무부와 세관에 사전 통보하여 미국 입국시 사전 점검을 가능토록 함으로써 입국 소요시간을 단축하는 제도.

- **APO(Airport)**
  공항.

- **APU(Auxiliary Power Unit)**
  항공기 후방에 있는 보조동력장치인 소형엔진으로 지상에서 필요한 동력을 만들며 비상대기 전원으로 사용된다.

- **APRON**
  항공기의 계류장, 주기장.

- **Armed Position**
  비상탈출 장비가 문을 개방하면 Escape Device가 자동으로 펼쳐지게 되어 있는 상태.

- **Armrest**
  승객 좌석의 팔걸이.

- **ARR(Arrival)**
  도착.

- **ARS(Audio Response System)**
  항공기의 운항 여부 및 좌석 현황을 전화로 알아볼 수 있는 자동응답장치.

- **ASAP(As Soon As Possible)**

- **ASP(Advance Seating Product)**
  항공편 예약시 좌석을 미리 배정받는 제도.

- ASST(Assist)

- Assist Handle
  비상구 옆에 있는 손잡이로 Door를 열거나 닫을 때 추락 등의 사고방지를 위해 부착되어 있는 손잡이.

- A.T.C(Air Traffic Control)
  항공 관제탑에서 항공기에 대한 이 · 착륙 등 항공교통 관련 제반 사항을 통제하는 것.

- A.T.A(Actual Time Of Arrival)
  실제 항공기 도착시간.

- A.T.D(Actual Time Of Departure)
  실제 항공기 출발시간.

- ATTN(Attention)

- AUTH(Authorize)

- Auto Pilot
  항공기의 자동조종장치.

- AVIH(Animal in Hold)
  화물칸에 반입된 애완 동물.

- AWB(Air Waybill)
  화물운송계약서.

- Baby Bassinet(BSCT)
  유아용 침대.

- Baggage Claim Tag
  위탁수하물의 식별용으로 항공사의 화물표.

- BGM(Boarding Ground Music)
  탑승 및 하기 시에 제공되는 기내 음악이다.

- **Bi – Fold Door**
  반쪽으로 접혀 한쪽으로 밀려나는 형태의 문으로 일부 항공기 화장실 문으로 사용하며, 공중전화 Door와 비슷하다.

- **BLOCK TIME**
  항공기가 자력으로 움직이기 시작(Push-Back)하여 목적지에서 Engine Shut Down 할 때까지의 시간.

- **Boarding Pass**
  탑승권.

- **BRDG(Boarding)**
  탑승.

- **Bridge**
  항공기와 공항청사와의 연결 통로.

- **Bulkhead**
  객실을 나누는 칸막이 분리벽.

- **Bulk Loading**
  화물을 화물용 통에 넣지 않고 낱개 상태로 직접 탑재하는 것.

- **Bun Warmer**
  항공기 주방 내에 있는 따뜻하게 데우거나 보관하는 장소.

- **Carrier Box**
  기내 물품의 이동을 위한 알루미늄으로 제작된 Box Type.

- **CBN(Cabin)**
  객실.

- **Cabin Altitude**
  객실 여압고도로 약 5,000~8,000ft를 유지한다.

- **CDL(Cabin Discrepancy List)**
  운항 중 객실장비의 고장 및 내용을 기재하는 일지.

APPENDIX

- **Cancellation**
  목적지의 기상 악화, 기체의 결함, 고장 등으로 사전 계획없이 운항편이 취소되는 것.

- **Cart**
  바퀴가 달린 물건 운반의 장비.

- **Catering Center**
  기내에 탑재된 식 · 음료, 기타 모든 물품 등을 탑재 · 하기하는 부서.

- **Ceiling**
  객실 천장.

- **CFG(Configuration)**
  항공기의 배열.

- **CFM(Confirm)**
  확인.

- **CGO(Cargo)**
  수하물.

- **Charter Flight(CHTR FLT)**
  정기적으로 운항하는 정기 노선과 달리 운항구간, 시기, 스케줄 등이 부정기적인 항공운송 상태의 운항.

- **CHD(Child)**
  어린이.

- **CHG**
  Change.

- **Circuit Breaker**
  항공기 주방 내에 있는 전원을 차단시키는 검은색 버튼.

- **C.I.Q**
  Custom(세관), Immigration(출입국), Quarantine(검역)의 첫 글자로 출입국 심사를 위한 정부기관을 말한다.

- **CMPLN(Complain)**
  승객의 불만 사항.

- **CNX**
  Cancellation.

- **Code Share**
  공동의 이익을 위해 항공사 간의 협정을 맺는 것.

- **Collapsible Radio**
  항공기에서 지상과 통신하는 무선통신시스템.

- **COM**
  Cabin Operation Manual "객실승무원업무교범".

- **COMPT(Compartment)**

- **Company Phases of Flight**
  비행 안전 취약 단계.
  지상 이동 및 고도 10,000ft 이하에서 운항하는 시점.

- **Configuration**
  항공기 객실 내부 공간 배치도.

- **Control Tower**
  관제탑.

- **CPN(Coupon)**

- **CPR(Cardiopulmonary Resuscitation)**
  심폐소생술.

- **CPY(Copy)**
  복사.

- **CRM(Crew Resource Management) : 승무원 자원 관리 프로그램**
  안전 운항과 관련하여 모든 인적 요인을 이해하고 인적 과실 방지를 위한 교육 과정.

APPENDIX

- CRS(Computer Reservation System)
  항공사의 예약 전산 시스템으로 예약 관리와 각종 여행정보를 수록하여 대고객 서비스를 가능하게 하는 것.

- Cruised Speed
  최적의 연료 효율로 운항하는 순항속도. B747-400의 경우 915km/h이다.

- CTC(Contact)

- Cutlery
  Silver나 Stainless Steel의 재질로 만든 식사용 Knife, Fork, Spoon 등을 말한다.

- CVR(Cockpit Voice Record)
  Cockpit 내의 모든 음성녹음 장치로 2시간 단위로 녹음된다.

- DBL(Double)

- DCS(Departure Control System)

- DEAF
  청각장애 승객(Deaf).

- Decompression
  여압장치로 객실 내 산소가 감소되는 현상.

- De – Icing
  항공기 표면의 눈, 서리, 얼음 등을 제거하는 작업.

- DEMO(Demonstration)
  비상시 탈출 요령 등을 승객에게 Tape나 승무원이 설명하는 것을 말한다.

- DEPO(Deportee)
  강제 추방자, 입국 사열 중 관계 당국으로부터 입국 거절자에 대하여 강제로 추방되는 승객.

- DEPT(Department)

- **DEST(Destination)**
  도착지.

- **DIM**
  객실 조명 조절 단계로 어두운 조명상태를 말한다.

- **Disarmed Position**
  Girt Bar가 항공기 Bustle에 고정되어 있는 상태.

- **Dispatcher**
  운항관리사로 운항 중의 모든 비행계획을 수립.

- **Divert(DIVT)**
  목적지의 기상 불량 및 기타의 사유로 변경되어 타 공항에 착륙하는 것.

- **Ditching**
  비상 착수.

- **DLVR(Delivery)**
  공급.

- **DLY(Daily)**

- **Door Sill**
  항공기 Door 문턱.

- **Drain**
  물을 버리는 배수구.

- **Drawer**
  음료수를 보관하는 서랍 형태의 용기.

- **Dry Item**
  기내에서 일반 상온에서 보관할 수 있는 서비스용품을 말한다.

- **Dual Aisle Aircraft**
  Wide Body라 한다.

- **E/D Card(Embakation / Disebakation Card)**
  출 · 입국 신고서.

- **ELT(Emergency Located Transmitter)**
  비상 착륙이나 착수 후, 현재 위치를 송신하는 구조요청 장치.

- **EMK(Emergency Medical Kit)**
  의사만이 사용할 수 있는 비상 의료함.

- **EMP(Employee)**
  직원.

- **Endorsement**
  항공사 간 항공권에 대한 권리를 양도하는 행위.

- **ENG(Engine)**

- **En-route**
  항공로.

- **ETA(Estimated Of Arrival)**
  도착 예정시간.

- **ETAS(Electronic Travel Authority System)**
  호주의 전산 비자 발급 System.

- **ETD(Estimated Of Departure)**
  출발 예정시간.

- **Excess Baggage Charge**
  무료 수하물을 초과하여 부과되는 수하물 요금.

- **EXTRA FLT**
  현 취항 중인 노선에 추가된 Flight.

- **FAA(Federal Aviation Administration)**
  미국연방항공국.

- FAK(First Aid Kit)
  구급처치용 의약품 함.

- FAR(Federal Aviation Regulation)
  미국연방항공법.

- FASTEN SEAT BELT' Sign
  "좌석벨트를 매시오"라는 표시등.

- FAX(Facsimile)

- FDR(Flight Data Recorder)
  항공기의 중대 사고 또는 추락 시에 원인 규명을 위해 마지막 25시간의 각종 비행 정보를 기록, 저장하는 장비. 일명 Black Box라고도 함.

- Flight Engineer(F/E)
  항공기관사.

- Flight Log
  항공기 운항에 관련된 각종 장비를 유지 보수하기 위한 일지.

- FOC(Free of Charge)
  무료.

- Forward(FWD)
  항공기 내부의 앞쪽.

- FRAG(Fragile Baggage)
  깨지기 쉬워 취급 주의를 요하는 수하물.

- Fuselage
  항공기 동체를 의미. 조종석, 객실, 화물칸으로 나뉜다.

- Galley
  항공기 내의 주방.

- G / D(General Declaration)
항공기 출항허가 및 도착지 입항허가를 받기 위해 운항사항, 승무원 명단, 비행 중 특이사항을 기재하여 제출하는 서류.

- G / H(Grand Handling)
지상 조업.

- Give Away
기내에서 제공되는 탑승 기념품.

- Girt Bar
Slide를 문턱 부분의 Floor Fitting에 고정시키는 금속의 막대.

- G.M.T
Greenwich Mean Time, 세계표준시.

- GOSH(Go Show)
예약 없이 공항에서 대기하다가, 예약 후 미 탑승되는 승객의 좌석을 이용하여 탑승하는 것을 말한다.

- GOVT(Government)
정부.

- GPU(Ground Power Unit)
지상에서의 동력장치.

- GPWS(Ground Proximity Warning System)
지상근접 경고장치.

- GROUND TIME
항공기가 Ramp- In 해서 Ramp- Out 할 때까지의 시간.

- GRP(Group)
단체.

- GTR(Government Transportation Request)
공무로 해외 출장가는 공무원 및 이에 준하는 자이다.

- **Gust Lock**
  항공기 Door를 열고 나서 움직이지 않게 고정시키는 장치.

- **Gust Lock Release**
  항공기 Door를 닫기 위해 Gust Lock을 풀어주는 장치.

- **Hand Carried Baggage**
  기내 반입 휴대수하물.

- **Hangar**
  항공기의 점검, 정비를 위해 설치된 항공기 격납고.

- **Handset**
  승무원 간의 통화 또는 안내방송을 위한 전화기 상태의 장비.

- **HK(Hold Confirm)**
  예약 확인.

- **Horizontal Stabilizer**
  수평안전판으로 수평꼬리날개를 말한다.

- **HQ(Headquarters)**
  본부 및 주 사무실.

- **HTL(Hotel)**
  호텔.

- **IATA(International Air Transportation Association)**
  국제항공협회로서 1945년 결성되어 항공운임 결정 및 항공사 간의 운임정산 등의 임무를 행한다.

- **ICAO(International Civil Aviation Organization)**
  민간항공기구로서 1947년 결성되어 항공의 안전 유지, 항공기술 향상, 항공시설의 발달 등을 목적으로 한다.

- **IFS(In Flight Sales)**
  기내 판매.

- **IMM(Immigration)**
  법무부 소속의 출입국 관리소.

- **INDV(Individual)**
  개인의.

- **INF(Infant)**
  만 2세 이하의 유아.

- **INFO(Information)**

- **INTL(International)**
  국제적인.

- **INV(Invoice)**
  운송장.

- **IRR(Irregular)**
  비정상적인 것.

- **Itinerary**
  일정.

- **I / U(Involuntary Up Grade)**
  상위 Class로 좌석 이동하는 것.

- **Jet A-1**
  항공기의 연료로 등유에 휘발유 혼합물을 첨가한 것.

- **Joint Operation**
  영업의 효율성, 경비의 합리화 및 경쟁력 강화를 위해 2개 이상의 항공사가 공동 운항하는 것.

- **Jump Seat**
  승무원이 착석하는 좌석.

- Landing Gear
  항공기의 바퀴. 충격 흡수, 제동 작용, 균형 유지 역할을 한다.

- Latch
  객실에 Cart나 Carrier Box 등을 잠그는 장치.

- Lavatory
  화장실.

- Lavatory Call Button
  화장실 내의 승무원 호출 Button.

- Lay over(L / O)
  승무원이 모기지에서 하루 이상 휴식 후 비행하는 것.

- Left
  승객 좌석에서 조종석을 기준으로 왼쪽.

- Length
  항공기 동체의 길이.

- L / F(Load Factor)
  탑재 허용량.

- Liquor Cart
  술 종류 보관하는 Cart.

- M / A(Meet & Assist)
  영접 및 지원.

- Main Landing Gear
  항공기 가운데 바퀴로 좌우 균형을 유지한다.

- Main Wing
  항공기 중앙 날개로 양력을 발생 이륙하게 하며, 연료 저장탱크이다.

APPENDIX

- **MAINT(Maintenance)**
  고장 및 정비.

- **Manual Inflation Handle**
  Escape Device를 수동으로 팽창하기 위한 Handle.

- **MAS(Meet & Assist Service)**
  VIP, CIP 및 특별 고객에 대한 공항영접 및 지원 업무.

- **Master Call Light Display**
  Blue, Amber, Red로 이루어진 표시등.

- **MCT(Minimum Connection Time)**
  연결편에 탑승하기 위해 소요되는 최소의 시간.

- **M / D(Main Deck)**

- **MED(Medical)**
  의료적인.

- **Microphone**
  Handset와 같은 의미.

- **Minimum Staffing**
  법적으로의 최소 탑승 인원.

- **Mock-Up**
  실물 모양의 모형 항공기 시설.

- **MSG(Message)**

- **NASA(미국항공우주국)**
  National Aeronautics & Space Administration.

- **Navigation**
  항법.

- **NBR(Number)**

- **Nose**
  동체의 최전방 부분.

- **Nose Gear**
  항공기 전방에 위치한 Landing Gear.

- **NOSH(NO SHOW)**
  예약이 확정되어 있으나 당일 공항에 나타나지 않는 경우.

- **NO SUBLO(Not Subject To Load)**

- **NRC(No Record)**
  기록이 없는.

- **OAG(Official Airline Guide)**
  전 세계 항공사의 비행 일정 및 기타 정보를 수록한 책자.

- **OBD(On Board)**
  탑승된.

- **OJT(On The Job Training)**
  수습 중인.

- **Origin**
  출발지.

- **Oven**
  음식물을 Heating 하는 것.

- **Oven Rack**
  Heating시 선반 역할을 하며 내용물을 분리시키는 틀.

- **Over Booking**
  특정 비행편에 좌석 수보다 예약자 수가 더 많은 경우.

- **Overhead Bin**
  휴대수하물을 보관하는 선반.

- Overwing Exit Door

  항공기 날개 부분의 비상구.

- P.A

  Public Address. 기내에서에서 실시하는 승객 안내방송.

- Panel

  기내에 음악, 조명, 기내 온도 등을 조절하는 조절판이다.

- Passenger Call Button

  승객 좌석에서의 승무원 호출시 사용하는 Button.

- PAX(Passenger)

  승객.

- Pillow

  베개.

- Placard

  정보 전달을 위한 스티커 형태의 안내문.

- PNR(Passenger Name Record)

  승객의 예약 기록 번호.

- Pneumatic Power

  압축 공기의 힘.

- PSU(Passenger Service Unit)

  승객 서비스 장치.

- Pouch

  항공기 입국에 필요한 서류 등을 보관하는 가방.

- PTN(Portion)

  구간.

- **PTT Button**
  Push To Talk Button, 기내 방송시 Handset에 있는 PTT Button을 사용한다.

- **PTY(Party)**

- **P / P(Passport)**
  여권.

- **Premium First Class**
  First Class보다 상위의 좌석을 설치한 Class.

- **Purser's Report**
  사무장이 작성하는 서류로써 승객 현황, 특별 고객, 비행 중 발생한 특이사항, 객실 내 정비사항 및 인수인계할 사항을 기록한 문서.

- **Push Back**
  항공기 운항을 위해 지상에서 견인 차량으로 전 · 후진하는 것.

- **Quarantine**
  검역소.

- **Range**
  항속거리.

- **R / C(Ramp Control)**
  지상 관제.

- **Relief Captain**
  교대 기장.

- **Restraint Bar**
  승객의 휴대수하물을 보관할 수 있는 좌석 밑의 'ㄷ' 자의 금속 막대.

- **Resuscitator Bag**
  인공호흡시 사용하는 보조기구로서 환자의 호흡을 유도하고, 산소를 추가적으로 공급하기 위한 기구.

APPENDIX

- **Retractable Monitor**
  객실 천장에 있는 모니터, B737과 같은 소형기종에 장착되어 있다.

- **Right**
  승객 좌석에서 조종석을 기준으로 오른쪽.

- **Row Of Seats**
  한 열의 전 좌석. 예) 37 ABC DEFG HJK

- **RSVN(Reservation)**
  예약.

- **RUNWAY**
  항공기가 이 · 착륙할 때 가속하거나 감속하는 지상 활주로용 노면.

- **Safety Strap**
  항공기 문이 열려 있는 경우, 안전사고 방지용 줄.

- **Salable Seat**
  항공기 전체 좌석 수에서 운항 · 객실 승무원용으로 특별히 배정받은 좌석을 제외한 좌석.

- **Seal**
  객실 압력의 손실을 막기 위해 동체와 문 사이에 고무로 된 Molding.

- **Seat Back**
  좌석 등받이.

- **Seat Configuration**
  기종별 항공기 좌석의 배열.

- **Seat Pocket**
  승객 좌석 앞에 있는 주머니.

- **Set Of Seats**
  기내 벽이나 복도를 사이에 두고 서로 붙어 있는 좌석들. ABC, DEFG, HJK 등.

- **Shoulder Harness**
  이 · 착륙시 승무원 좌석에 착석하여 매는 어깨끈.

- **Show – Up**
  승무원이 비행을 위해 출근하였다는 의미의 Sign List.

- **SHR(Special Handling Request)**
  탑승객의 각종 정보를 수록한 List.

- **Side Barrier**
  비상탈출시 추락 방지를 위해 문 양옆을 고정시키는 줄.

- **Single Aisle Aircraft**
  객실 통로가 1개인 소형기종.

- **SKD(Schedule의 약자)**

- **Sky Phone**
  항공기 내의 위성전화.

- **Slide**
  비상탈출시 사용할 수 있는 미끄럼틀.

- **Slide Bustle**
  Escape Device를 보관하고 있는 Plastic Case.

- **Slide Bustle Brackets**
  소형기의 Slide 하단에 붙어 있는 고리.

- **Slide/ Raft**
  비상시 탈출용으로 사용하는 Escape Device.

- **Smoke Detector**
  화장실 내의 연기감지 장비.

APPENDIX

- **Solid Door**

  접히지 않는 Door.

- **SQUAWK**

  비행 중 고장인 경우 일지에 기재된 결함 상태를 말한다.

- **SRI(Security Removed Item)**

  항공기 내에 휴대할 수 없는 기내 제한 품목을 말한다.

- **STD(Scheduled Time Of Departure)**

  시간표상의 출발시간.

- **Sterile Cockpit**

  비행안전 취약단계.

  운항승무원의 업무를 방해하는 어떤 행위도 금지하는 규정.

- **STF(Staff)**

  직원.

- **STN(Station)**

  정거장, 출발, 도착장.

- **Stowage**

  객실 내의 물건을 보관하는 장소.

- **Stretcher Passenger(STCR PAX)**

  침상을 이용하는 환자.

- **Suggestion Letter**

  승객이 항공사에 건의사항을 기록하는 양식.

- **T/S(Transit)**

  목적지로 가기 위해 경유지에서 다른 항공기로 갈아타는 것.

- Tail Wing
  항공기의 꼬리 날개.

- Taxiway
  활주로와 주기장 및 정비 지역을 왕래하는 데 이용되는 통로.

- TCAS(Traffic Collision Avoidance System)
  공중충돌 방지시스템.

- THRU(Through)
  통과.

- TIM(Travel Information Manual)
  항공여행과 관련된 국가별 규정, 절차, 규제사항을 수록해 발행되는 항공 여행정보책자.

- TKT(Ticket)
  항공권.

- Trash Receptacle
  쓰레기통.

- Tray Table
  승객의 좌석에 있는 식사대.

- T / S(Transit)
  통과.

- TTL(Total)

- TWOV(Transit Without Visa)
  출발지에서 목적지로 가기 위해 비자 없이 중간 경유지 국가를 통과하는 여객.

APPENDIX

- **UM(Unaccompained Minor) : 비동반 소아**

  보호자 없이 혼자 여행하는 소아를 뜻하며, 국제선은 만 5세에서 만 12세 미만, 국내선은 만 5세에서 만 13세 미만으로 규정되어 있다.

- **ULD(Unit Loading Device)**

  화물칸에 화물 적재를 위한 커다란 금속 Box.

- **Up Grade**

  상위 Class로 등급 변화.

- **UPK(Universal Precaution Kit)**

  환자의 체액이나 혈액을 직접 접촉하지 않도록 하기 위해 소독되어 있는 장갑, Mask, 가운 등의 Item으로 구성되어 있다.

- **VIP(Very Important Person)**

  특별 고객.

- **VOID**

  취소 시 표기.

- **VWA(Visa Waiver Agreement)**

  양 국가 간에 관광 또는 상용 등의 목적으로 단기 여행 시 협정 체결 국가에 한하여 비자 없이 입국이 가능토록 체결한 협정.

- **VWPP(Visa Waiver Pilot Program)**

  미국 입국 규정에 의거, 상호 사증 면제 협정

- **Water Boiler**

  기내에서 뜨거운 물을 공급하기 위한 기기.

- **W / B(Weight & Balance)**

  항공기의 중량 및 중심을 잡기 위해 계산에 의해 산출하는 것.

- Window Shade

기내 창문 Curtain이다.

- Winglet

비행기의 주날개 끝에 수직으로 세워진 작은 날개.

이는 날개 끝에서 발생하는 소용돌이로 연료를 절감하는 데 큰 효과를 가져오고 있다.

- W / X(Weather)

날씨.

- YRS(Years)

# 8. ANNOUNCEMENT

## WELCOME

소중한 여행을 저희 대한항공과 함께 해 주신 고객 여러분, 안녕하십니까?(인사)
스카이 팀 회원사인 저희 대한항공은/여러분의 탑승을 진심으로 환영합니다.

손님 여러분, 안녕하십니까?(인사)
오늘도 변함없이/스카이 팀 회원사인 저희 대한항공을 이용해 주신 여러분께/깊은 감사를 드립니다.

이 비행기는 ____까지 가는/대한항공 ____편입니다.
목적지인 ____까지 예정된 비행시간은/이륙 후 ____시간 ____분입니다.
오늘 (성명) 기장을 비롯한 저희 승무원들은/여러분을 ____까지 정성껏 모시겠습니다.
도움이 필요하시면 언제든지 저희 승무원을 불러 주십시오.
계속해서 기내 안전에 관해 안내해 드리겠습니다.
잠시 화면(승무원)을 주목해 주시기 바랍니다.

- **Good morning(afternoon/evening). ladies and gentlemen.**

Captain(Family Name) and the entire crew/would like to welcome you onboard Korean Air, a Sky Team member.

Captain(Family Name) and all of our crew members/are pleased to welcome you onboard Korean Air, a member of Sky Team alliance.

This is flight ____, bound for ____.
Our flight time today will be ____hour(s) and ____minutes.
During the flight, our cabin crew will be happy to serve you/in any way we can.
We wish you an enjoyable flight.
And please direct your attention for a few minutes. to the video screens for safety information.

APPENDIX

- **WELCOME**

<table>
<tr><td rowspan="2">CHOICE</td><td>皆様、おはようございます。(こんにちは/こんばんは)<br>ほんじつも すかいちーむめんばーの こりあんえあーを<br>ご利用 いただきまして、まことに ありがとうございます。<br>皆様 のごとうじょうを こころより かんげいいたします。</td></tr>
<tr><td>ごとうじょうの皆様、おはようございます。(こんにちは/こんばんは)<br>いつも すかいちーむめんばーの こりあんえあーを ご利用いただきまして、<br>まことにありがとうございます。</td></tr>
</table>

[Joint Operation]

この便は こりあんえあーと・・・・・・が 共同でうんこうして おります。

[Delay/10 Minutes over]

本日は(理由・・・・・・)出発が おくれましたことをおわびもうしあげます。

(・・・)までの 飛行時間は(・・)時間(・・・)分を 予定しております。
本日は、機長(・・・)を はじめ、わたくしども 乗務員が 皆様を(・・・・・)まで
ご案内いたします。

[일본R/S]

また、日本人乗務員は(名前・・・、・・・)が 乗務いたしております。

ごようのさいは・わたくしどもに ごえんりょなくおしらせくださいませ。
なお・まもなく・安全にかんするびでおを 上映いたします。
まえの すくりーんを ごらんくださいませ。

## ■ TURBULENCE Ⅰ

손님 여러분,

a. 비행기가 흔들리고 있습니다.

b. 기류가 불안정합니다.

좌석 벨트를 매주시기 바랍니다.

---

Ladies and gentlemen

Due to(unexpected) turbulence, please return to your seat and fasten your seatbelt.

---

皆様(みなさま) ただいま・気流(きりゅう)の 不安定(ふあんてい) なところを つうかしております。

しーとべるとを しっかりとおしめくださいませ。

---

[SVC Suspension]

皆様(みなさま)、ひこうきのゆれのため、

機内(きない) さーびすを しばらく 中断(ちゅうだん)させていただきます。

おそれいりますが いま しばらく おまちくださいませ。

APPENDIX

## ■ TURBULENCE II

손님 여러분,

비행기가 계속해서 흔들리고 있습니다.

좌석 벨트를 매셨는지 다시 한번 확인해 주시고, 화장실 사용은 삼가시기 바랍니다.

감사합니다.

---

Ladies and gentlemen

We are continuing to experience the turbulence.

For your safety, please remain seated with you seatbelt fastened.

Thank you.

---

機長からの れんらくによりますと この飛行機ば あと(・・)ぷんほどで・

気流の 不安定なところを・ぬける予定でず゜

べると 着用のさいんが・きえますまでﾞ

いましばらくお座席にて・おまちくださいませ゜

## SEAT BELT SIGN OFF

손님 여러분.

방금 좌석벨트 표시등이 꺼졌습니다.

그러나 비행 중에는 기류 변화로 비행기가 갑자기 흔들리는 경우가 있습니다.

안전한 비행을 위해/자리에 앉아 계실 때나 주무시는 동안에는/항상 좌석 벨트를 메고 계시기 바랍니다.

그리고 선반을 여실 때는 안에 있는 물건이 떨어지지 않도록 조심해 주십시오.

좌석 앞 주머니 속의 기내지 MORNING CALM을 참고하시면/비행 중 사용할 수 있는 전자 제품, 스카이 패스 등에 대한 자세한 비행 정보를 얻으실 수 있습니다.

감사합니다.

Ladies and gentlemen

The captain has turned off the seat belt sign.

In case of any unexpected turbulence, we strongly recommended you keep your seat belt fastened/at all times while seated.

Please use caution when opening the overhead bins/as the contents may fall out.

For more information about services available on this flight.

Please refer to the Morning Calm magazine in your seat pocket.

- **SEAT BELT SIGN OFF**

ご案内(あんない)いたします゜

ただいま´ し－とべると・着用(ちゃくよう)のさいんがきえましたが´

きゅうな 気流(きりゅう)のへんかにより・機体(きたい)が ゆれることがございます゜

お座席(ざせき)に おつきのあいだ´ またおやすみのさいには し－とべるとを おしめおき

くださ いませ゜

また 上(うえ)のたなを おあけになるさいには´ 荷物(にもつ)がすべりでることがございます゜

じゅうぶん ご注意(ちゅうい)ください゜

---

[AVOD 장착 기종]

みなさまに・かいてきなそらのたびを おたのしみいただけますよう´

機内(きない)すとれっちんぐの VIDEO(びでお)を・ごよういいたしております゜

おてもとのもにた－のいんふぉめ－しょんのすかいち－むにて

ひこうちゅういつでも ごらんになれます゜

くわしいことは´おてもとの 機内誌(きないし)を ごらんくださいませ゜

## ■ FAREWELL : GENERAL

손님 여러분. 우리 비행기는(도시별 특성 문안)에 도착했습니다.

| | |
|---|---|
| 선택 | 오늘도 여러분의 소중한 여행을/스카이 팀 회원사인 대한항공과 함께 해 주셔서 대단히 감사합니다.<br>저희 승무원들은/앞으로도 한분 한분 특별히 모시는 마음으로/고객 여러분과 늘 함께 할 것을 약속드립니다. |
| | 스카이 팀 회원사인 저희 대한항공은, 고객 여러분의 사랑에 감사드리며, 앞으로도 계속 노력하는 모습으로/늘 여러분과 함께 하겠습니다. |
| | 오늘도 스카이 팀 회원사인 저희 대한항공을 이용해 주셔서 대단히 감사합니다.<br>저희 승무원을 비롯한 모든 직원들은, 앞으로도 손님 여러분의 여행이 항상 안전하고 편안할 수 있도록/최선을 다하겠습니다. |
| | 스카이 팀 회원사인 대한항공과 늘 함께 해 주시는 손님 여러분께 깊은 감사를 드립니다.<br>저희 승무원들은/여러분의 변함없는 사랑에 보답하는 마음으로/한결같이 정성을 다하겠습니다. |

감사합니다./안녕히 가십시오.

Ladies and gentlemen. We have landed at(공항 명)(international) airport.

| | |
|---|---|
| 선택 | Thank you for choosing korean Air, a member of the Sky Team alliance/and we hope to see you again soon on you next flight. |
| | Thank you for being our guests today.<br>We hope that if future plans call for air travel, you will consider Korean Air, a member of Sky Team alliance, for all your travel needs. |

감사합니다.

APPENDIX

## • FAREWELL : GENERAL

皆様´ ただいま(・・・)こくさい空港に 到着いたしました゜

[Delay/15 Minutes over]

本日は´(・・)のため 到着が予定より おくれましたことを おわびもうし あげまず゜

現地時間ば´(・・月・・日)ごぜん(ごご)(・・)じ(・・)分

きおんはせっし・・・どでございまず゜(영하 : れいか/0도 : れいど)

<table>
<tr><td rowspan="2">CHOICE</td><td>ごとうじょうの皆様´ きょうもこりあんえあーを ご利用いただきまして<br>ありがとうございました゜<br>わたくしども乗務員いちどう´皆様のまたのおこしを・こころより・<br>おまちもうしあげておりまず゜</td></tr>
<tr><td>皆様・本日もすかいちーむめんばーの こりあんえあーをご利用ください<br>まして ありがとうございました゜<br>また ちかいうちに・皆様とおめにかかれますよう´<br>乗務員いちどう・おまちいたしておりまず゜</td></tr>
</table>

ごとうじょう・ありがとうございました゜

## ■ 방송 요령

1. 방송문을 유창하게 읽을 수 있도록 평소 많은 노력을 기울인다.

2. 방송 현장에서는 밝은 미소와 함께 방송하며, 밝고 맑은 Tone을 유지한다.

3. 적당한 PAUSE와 억양이 반복되지 않도록 변화를 준다.

4. 멋을 부리는 습관이 붙지 않도록 주의한다.

5 외국어는 또박또박, 차분히 방송하여 의미 전달이 쉽도록 한다.

6. 여유 있고 친근감 있는 방송이 되도록 최선을 다하여 방송한다.

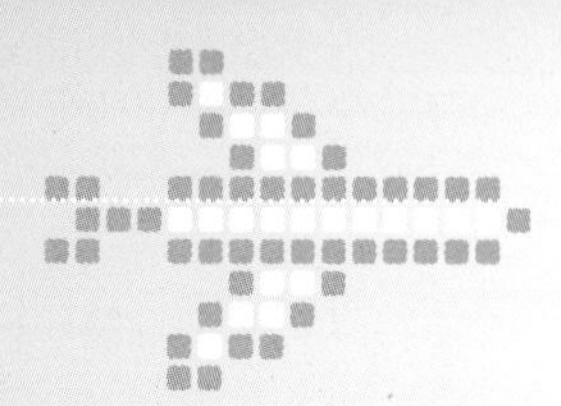

# 참고 문헌


대한항공 객실 승무원 업무 교범

대한항공 기내 방송문

대한항공 기내지, Morning Calm

대한항공 신입 승무원 교육 교재

아시아나 기내지

아시아나항공 직무 훈련 교재

박한표. 「글로벌문화와 매너」. 한올출판사, 2005.

박혜정 외. 「항공객실서비스실무」. 백산출판사, 2002.

서성희 외. 「매너는 인격이다」. 현실과 미래사, 1999.

원동헌 외. 「항공기 객실구조 및 안전장비」. 기문사, 2006.

이영희 외. 「항공기 식음료론」. 연경문화사, 2006.

조주은 외. 「항공사 업무론」. 현학사, 2004.